王鼎钧作品系列

人生四书·之一

王鼎钧

开放的人生

（增订版）

生活·讀書·新知 三联书店

Simplified Chinese Copyright © 2020 by SDX Joint Publishing Company.
All Rights Reserved.
本作品简体中文版权由生活·读书·新知三联书店所有。
未经许可,不得翻印。禁止重制、转载、摘录、改写等侵权行为。

图书在版编目(CIP)数据

开放的人生/王鼎钧著. — 2版. —北京:生活·读书·新知三联书店,2020.8 (2024.6重印)
(王鼎钧作品系列)
ISBN 978-7-108-06716-6

Ⅰ.①开… Ⅱ.①王… Ⅲ.①人生哲学-通俗读物
Ⅳ.① B821-49

中国版本图书馆 CIP 数据核字(2019)第 251159 号

责任编辑	饶淑荣
装帧设计	张 红 康 健
责任校对	陈 明
责任印制	董 欢
出版发行	生活·讀書·新知 三联书店
	(北京市东城区美术馆东街 22 号 100010)
网 址	www.sdxjpc.com
图 字	01-2017-7036
经 销	新华书店
印 刷	河北鹏润印刷有限公司
版 次	2014 年 9 月北京第 1 版
	2020 年 8 月北京第 2 版
	2024 年 6 月北京第 8 次印刷
开 本	787 毫米 × 1092 毫米 1/32 印张 7.75
字 数	98 千字
印 数	35,001-38,000 册
定 价	28.00 元

(印装查询:01064002715;邮购查询:01084010542)

目录

前言

一 人生在世

开放的人生	_ 002
三种成长	_ 005
君子之争	_ 007
企图心	_ 009
延年有术	_ 011
进一步的文明	_ 013
考证	_ 015
改造	_ 017
六字箴言	_ 019
人生如戏	_ 021

二 社会交往的烦恼

组织家	_ 024
迷僧	_ 026
死点	_ 028
团队接力	_ 030
甜芋泥	_ 032
石匠的智慧	_ 034
第一颗金丹	_ 036
人和人不一样	_ 039
果因	_ 041
自作自受的十八岁	_ 043

三 与我们关系越近的人，我们越忘记？

现代人的母亲 _ 046
身在情长在 _ 048
借盐 _ 050
朋友小卡片 _ 053
求才广告 _ 056
改变命运的工程 _ 058
本是同根生 _ 060
兄弟姊妹是终身的朋友 _ 062
父亲的艰难角色 _ 064
六亲 _ 066

四 谈读书

人兽之间 _ 070
下毒与撒种 _ 072
由吃书节说起 _ 074
自尊造成自限 _ 076
没有时间？ _ 078
言之过早 _ 080
知识上的饥饿 _ 082
假如知识像甜点一样 _ 084
跟着传播追追追 _ 086

五 "能读书，会讲话"

语文背后 _ 090
恨从口出 _ 092
"明契" _ 094
其言也善 _ 096
侏儒症 _ 098
我们 _ 100
年轻人 vs 老年人 _ 102
"可怜"？ _ 104
五讲四美 _ 106
一切从这里开始 _ 108

六 谈话，谈什么？

一句天堂，一句地狱 _ 112

行为的前奏	_ 114
奇遇记	_ 116
明珠人心	_ 118
洗手	_ 120
秋茂园	_ 122
美人与猛虎	_ 124
要手心向下	_ 126
值得吗	_ 127
师旷的眼睛	_ 128
旅行箱	_ 130
康老子	_ 132
这个故事是真的吗	_ 134
黄豆中的红豆	_ 136
过程艰辛，结果美丽	_ 138
对象错误	_ 139
歌与歌手	_ 140
认识谣言	_ 141
学笑记	_ 142
机智	_ 143

七 关于爱情

一个新分子介入	_ 146
不管你怎么说	_ 148
台北小故事	_ 150
让它流过去	_ 152
再生的爱情	_ 154
捉海鸥	_ 156
热病中的甜点	_ 158
纽约小故事	_ 160
为谁辛苦	_ 162
试一试，心软了吗	_ 164

八 你想成为哪种人

一朵花比一种人	_ 168
人分类	_ 170
力争上游	_ 172
有用的人	_ 174
冒险精神	_ 176
美式职业排行	_ 178
专家	_ 180

异师 _182
锁匠和小偷 _184
鸡口？牛后？ _186

九 小说知世

《一杯茶》 _190
《一败涂地》 _193
《女教师》 _196
《午饭》 _199
《同时追两兔，到头一场空》 _202
《项链》 _205
《爱情与面包》 _208

十 无题

天下第一书家 _212
天才金交椅 _214
幸亏没好好地读书？ _216
朋友是怎样失去的 _218
得理让人 _220
荷马也打盹 _222
蛾来了 _224
过河拜桥 _226
积木 _228
应变的智慧 _230

附录 光，请靠近光

隐地 _233

前 言

愿天下开放,有和平;
愿社会开放,有包容;
愿心灵开放,有坦诚;
愿一代青少年欣欣向荣!

一

人生在世

开放的人生

——开大门,走大路。

"开放"是个引人入胜的字眼儿。试想天光之下,鸢飞鱼跃,青山妩媚,粉蝶翩跹,是何等美好的景色,总要打开窗子才看得见,而清凉新鲜的空气,也要打开窗子才能流泻而入,把熏人的碳酸气赶走。打开窗子的意义是心地开朗,与人为善,吸收新知,创造希望,使自己的精神常新,生命力源源不竭。

"开放"乃是双向的通道,花不开放,怎能散发芳香?山不开放,怎能采掘矿藏?人不开放,怎能照射智慧的光芒?

父亲带着全家参加街坊邻居的联谊活动,人群沿着巷子随意聚散,儿子紧紧跟在父亲后面,我听见父亲对儿子说:"孩子,到那边去,那边人多。"

有一个人,发现一连三天没人打电话给他,好心人提醒他:"到了你该打电话出去的时候了!"

德国在第二次世界大战结束时几乎是一片废墟,有一位知名之士在这种环境中出任某市市长。此市两面有河流环绕,河上本来有桥,早已炸毁,全市坐困愁城。市长到任后第一件事是下令修桥。

当时哀鸿遍野,迫切需要住宅、医院、学校、商场。一般人认为修桥不是当务之急,纷纷表示反对。这位市长力排众议,贯彻初衷。两桥修成,运输畅通,城市乃迅速重建复兴。

先造几座桥,使自己和周际环境联系贯通,这种智慧可以用在处世做人上。为人应经常检查:"我有哪些可以造桥的材料?还缺少什么?"例如流畅清晰的谈吐,整洁和善的仪表,乐观向上的心境,争取相互了解的诚意。见面时一声"你好",是造桥;临走时一声"再见",也是造桥。

有了桥,你就有了世界,甚至拥有一个宇宙。

有些人不然,他们努力建造的不是桥,而是仅可容膝的碉堡。

三种成长

——生命有天限,成就不可有自限。

人是生物的一种,不断成长。人又和一般生物不同,在年龄的成长之中学习知识技能,也提高品德的要求,三者同步增长。

"天增岁月人增寿",年龄的增长不随着个人的愿望加速或减慢,但进德修业要看自己的勤惰,如果懈怠,就会停止甚至倒退。人生最迫切的问题就是莫使光阴空过,所谓惜寸阴、惜分阴正是此意。

光阴的消逝,有一定的数量和速度(例如每天二十四小时),固然没有办法减少,可是也不会增加。吾人追求知识,锻炼技能,涵养德性,开拓胸襟,却可以凭主观的意愿,提高进度。种瓜种豆,操之在我。

光阴是不会停止的,既然如此,我们也要使品学日有进境,不息不止,这才是一个充实而圆满的生命。

现在有个说法叫"人格工程",在这里,"人格"的意思是人之所以为人。人格就像修桥铺路盖房子,一尺一寸,一砖一瓦,你要不断搜集建材,这本《开放的人生》,就是向您提供一些砖瓦木石。人格的形成好比建筑工程的进度,今天修好的路比昨天的路要长,明天砌好的墙比今天的墙要高,就是前面说的同步成长。

在人们的感觉上,光阴如顺流而下的波浪,品学却如逆流而上的船舶,中国的先贤教我们不可贪图安逸舒适,今天美国的教育家却主张要快乐,不要压力,认为学校应该每天十点钟才开始上课,而且要减少考试。都说美国孩子很幸福,如果幸福是少年时嬉游怠惰,并未包括一生的光明远景,幸福乃是灾难的别名。

君子之争

——要想快乐,先找朋友。要想进步,先找对手。

有一个时期,大概是一九一一年至一九二八年,中国的大北方由几个军事领袖分割统治,后世管他们叫北洋军阀。有一位军阀只会带兵打仗,吃喝玩乐,并没有现代知识,他为了表示重视教育,也到学校视察,站在操场旁边看学生打篮球,回头怒斥校长:"这些孩子太辛苦了,为什么不给每人发一个球?你把办学的经费用到哪儿去了?连多买几个球的钱都没有!"

这位军事领袖不知道篮球运动是一种"君子之争"的训练,双方遵守共同的规则,接受竞争的结果,称为"公平竞争",球只能有一个,因为成功的目标只有一个。

为什么要有这种训练呢?因为人是活在不断的竞争之中。从你进幼儿园那天起,入学,你跟一同报名的人竞争;考试,你跟一同学习的人竞争;考绩,你跟一同工作的人竞争;恋爱,你跟情敌竞争;消闲,你跟球友牌友棋友竞争。为什么强调君子之争呢?因为国家社会进步到今天,你我在竞争中不论胜负,都可以表现个人的优点,使竞争只有益处,没有害处。

天助自助者,君子之争就是自助。生于今世,"忍"的修养固然重要,"争"的训练也不可少。要争得心平气和,争得圆融贯通。传统的处世哲学中对"忍"说得太多(我们并不厌其多),对"争"说得太少,因此许多人不知道如何通过君子之争来解决问题,而人生又不能无争,结果,争执的唯一作用无非是制造问题而已。可惜了!

企图心

——今日不自满,明日就不会自责。

你见过竞选吗?我见过。候选人之间猛烈展开竞选活动,候选人某甲在他的竞选办事处打算盘:"我在第十七投票所可以得到四千票。在十九投票所有五千人答应选我。在二十四投票所至少有一万一千人支持我。……很好,我已经有足够当选的票数。"在另一个竞选办事处里,候选人某乙侦知上述的情况,十分高兴。他断定某甲必定落选,因为"他犯了竞选的大忌,候选人在开票之前决不计算自己的票数"。

你见过练习跳高的运动员吗?我见过。他把横栏定在一米的地方,跳了几次,觉得非常吃力,就把横栏降低五厘米再跳。还是觉得吃力,就再把横栏降低五厘米。这样,过栏容易了,他觉得轻松愉快,心满意足。这个人究竟在那里干什么?他绝不是在运动,就运动员的观点看,有了跳一百厘米高的能力,就要准备跳一百零一厘米,然后准备跳一百零二厘米,永远准备跳得更高。

我听见有人说:"我的收入已经足够付分期付款……我已经有三个朋友,情同手足……我不必再读书,因为前面已没有考试……从我的住所到办公室的路上,公共汽车增加了路线,我不必学开车。"听,这就是在开票之前计算选票,也是在跳栏的时候降低高度。他将望着同伴和后辈从他身旁奔驰而过,留下风和尘土。

不要误解了知足,你要在尽了最大的努力之后再谈知足。向未知的领域继续试探一直冲刺吧!那儿有一桌丰盛的筵席,别辜负造物者的美意,他为你订了席次。

延年有术

——生命如珠宝盒,与其大而空洞,毋宁小而充实。

一个愁容满面的人走进教堂,对着神父跪下说:"我觉得生命太短促了,究竟有没有什么办法可以延长?"神父说:"有一个办法可以延长你的生命,那就是早起,如果每天早起,提前开始工作,生命就等于延长了三分之一。"

对一个认真工作的人来说,早晨是一天中最好的时光,这时环境安静,头脑清醒,精神饱满,意志昂扬。早起工作可以提高效率,增加成果。俗语说:"早起三天当一工。"和那位神父的见解不谋而合。

现代都市中有许多夜工作的人不能早起,那是理所当然。但是现代都市中还有很多"夜生活"的人也不能早起，实在是重大的损失。夜工作是一种必需，而"夜生活"多半是透支了第二天工作的精力，即使仍然勉强早起，也是利弊参半。

早睡早起的意义是珍惜光阴，好好利用时间。"爱惜时间就是爱惜生命"，这话没错，更进一步，"好好利用时间就是延长生命"。

早晨是学习最好的时光，中国人向来注重晨读。住在温带的人，到了冬天，天气寒冷，早晨舍不得热被窝。他们在夏天想冬天的凉爽，到了冬天又想夏天的温暖，羡慕那随着季节迁移的候鸟，住在寒带的人，早起反而比他们容易。

幸而人能够在现实的缺陷中锻炼自己的优点，用现实所能给你的条件，冲破现实加给你的限制。冰天雪地固然不是好天气，但练习声乐的人，在寒冷的夜里用功，进步最快。每天黎明前，号兵在零度的气温下练习吹号，可以吹出一种"寒音"来，那种造诣，在温暖的气候里成长的号兵，不能达到。

进一步的文明

——厌弃文明的人美化原始,追求文明的人丑化原始。

在原始时代,非洲各部落每天要杀一百人祭神;在二十世纪,美国各州平均每天有一百人死于车祸。文明真的促进了人类的幸福吗?文明砍伐了丛林,却盖起不见天日的大厦;文明驱走毒蛇猛兽,却制造市虎;文明消灭贫瘠瘟疫,却散布原子尘;文明消灭了人体内的寄生虫,却代之以有害的色素和防腐剂。

有人向慕原始:在第一流的观光饭店里,顾客用高山族式的木碗吃饭;在核潜艇的舰长室里,挂着非洲人黑面獠牙的面具。也有志同道合的人组成小区,不要汽车,不要电视。

人类以他最杰出的才智,最艰辛的奋斗,最漫长的过程,冲出洪荒,创造文明,难道现在后悔了吗?不,我们决不后悔,人类的幼苗不再大批大批地死于肺炎或猩红热,没有什么可后悔的;人类可以一天走完从前一生也走不完的路,立业四海,没有什么可后悔的;人类可以一小时做完从前十年也做不完的工作,从各方面改善生活,没有什么可后悔的。贫穷落后是一种灾害。脱离贫穷,进入富足,又造成另一种灾害。不过富足形成的问题可以用富足的方式解决——现代医疗和营养知识。对付文明造成的灾害,是用进一步的文明,不是否定文明!倘若真能退回原始,那才要后悔无穷。

人类无路可退。已经发生的事情,不能回到没有发生;但是还没发生的事情,人类能够使它发生。我们所期望的,是在文明的社会中辛劳一生,到了老年,再拥有一个农场或田庄。那仍然要托文明之福,因为我们要一个只有蝴蝶、没有苍蝇的农村!

考证

——让恶果从我结束,让善因从我开始。

下面这个故事,从古老的波斯国传来。别以为波斯挺落后的,看这个故事,人家的文化底气厚着呢。

话说国王虽日理万机,仍下定决心要探讨生命的意义。他要求全国学者就这个问题加以研究并提出结论。

"结论"是一本巨著。国王放在案头,一直没有时间阅读,几年过去了,他要求编书的人摘述提要。学者们再三推敲,把生命的意义写成一个小册子,国王把它放在床头,自以为随时可读,仍然没能阅读。

国王生病了,国王病危了,他更想知道"生命的意义到底是什么?",他要求一位年老的哲学家用一句话作答。这位哲学家在国王耳边轻轻地说:"生命就是:一个灵魂来到世界上受苦,然后死亡。"国王恍然,茫然,溘然而逝。

生命的意义真是如此吗?据确凿可靠的考证,这段记载遗漏了一些重要的字句。那位年老的哲学家最后向国王报告的全文是:"生命就是上帝派遣一个灵魂到世上来受苦,然后死亡。可是由于这个人的努力,他所受过的苦,后人不必再受。"

这就对了。"人之生也,与忧患俱来",但是所有的仁人志士在撒手西归之际,世上的灾难、缺陷、危机,都比他呱呱坠地时要减少一些,有人减少了水灾,有人减少了饥饿,有人减少了小儿麻痹症,有人减少了人与人之间的仇恨隔阂……在这世界上,有二十五亿人没有抽水马桶,有九亿人没有厕所,这是我在二〇一八年十月看到的数字,但愿在你读到这本书的时候,这个数字已减小许多。

改造

——先牵一发，后动全身。

有一座庞大的旅馆，设备陈旧，管理松懈，营业状况一落千丈。旅馆的所有人聘请一位专家来从事革新和整顿。三个月后，专家对旅馆的现况有了透彻的了解，提出一份详细的计划，认为这家旅馆积习太深，必须彻底改造，他主张把房子拆掉重新建造大楼，现有工作人员一律遣散，重新招考训练。

旅馆的所有人无法接受这样的计划，聘请另一位专家来担任经理，这位专家在视察旅馆的业务之后，下令换装所有房间的自来水龙头。这是小事，说到做到，一星期后，新龙头式样美观，操作方便，绝不漏水，旅客在半夜再也听不到滴漏之声，可以安享一夜好睡。

就这样,新任经理从小处着手,换枕头,换拖鞋,鼓励资深的服务员退休,要求新进的服务人员能说双语,等等。积小为大,终于使旅馆的作风焕然一新。说来也是天助自助,有一家跨国企业的董事长来住宿,半夜进了医院,旅馆经理把他随身携带的大小东西锁进一只箱子,其中有一个公文袋,经理还特意再加密封。箱子送到病房,董事长反而叫他带回去代为保管。然后是,这家旅馆受这家企业特约,负责接待出差的员工,包办一切酒会餐会,声名大噪。

旅客们发现,这家旅馆的房子虽然陈旧,但是坚固;式样古老,但是吸引人。于是近者悦,远者来。旅馆的这位总经理深知小问题容易解决,从小处着手,遭遇的抵抗力也最小。经过一连串的"小胜",自己的声望、别人的信心都建立起来,那时再考虑比较大的兴革就顺利得多了。

六字箴言

——要知山路前,须问过来人。

三十年前,一个年轻人离开故乡,开始创造自己的前途。少小离家,云山苍苍,心里难免有几分惶恐。他动身的第一站,是去拜访本族的族长,请求指点。老族长正在临帖练字,他听说本族有一位后辈开始踏上人生的旅途,就随手写了三个字"不要怕",然后抬起头来,望着前来求教的年轻人说:"孩子,人生的秘诀只有六个字,今天先告诉你三个,供你半生受用。"

三十年后,这个从前的年轻人已是哀乐中年,他有了一些成就也添了很多伤心事,归程漫漫,近乡情怯,又去拜访那位族长。他到了族长家里,才知道老人家几年前已经去世。家人取出一个密封的封套来对他说:"这是老先生生前留给你的,他说有一天你会再来。"还乡的游子这才想起来,三十年前他在这里只听到人生一半的秘密。拆开封套,里面赫然又是三个大字:"不要悔。"

对了,人生在世,青少时期如暗夜行路,怕山怕水,怕人怕鬼,只有大胆往前走。中老时期,人生对他已经不是秘密,去日苦多来日少,他爱回顾,爱反刍,爱假设,常常悔不当初。所以中年以前不要畏缩,畏缩就没有成就;中年以后不要懊丧,懊丧就没有平安。这是经验的提炼,智慧的浓缩。这六字箴言的奥义,要一本长篇小说才说得清楚。但是我相信对那些有慧根的人,这几个字也就够了。

这个故事是真的吗?谁是那个年轻人?谁是那个老族长?当你还没有读到这个故事以前,那个年轻人就是你;在你读到这个故事以后,那个老族长也是你。

人生如戏

——戏是世间最隆重、最严肃的工作之一。

"人生如戏"这句话成了许多人虚度岁月玩忽职守的借口,他们简直不知道戏是怎样演出的,他们没有观察过戏剧工作者。无论是演出前或者演出时,戏剧工作者的精神是紧张的,态度是严肃的,情绪是热烈的,他们谨慎如新娘,奋勇如战场上的将军。他们全神贯注,细心揣摩,意志和力量完全集中。演出如果失败,他们就成了世界上最难过的人。

演戏的人比看戏的人认真,看戏的人受表演的影响也认真了。人生如果像戏,也是像演戏,无论你做什么,对面都至少有十只眼睛盯着你,有十只手指着你,这十目十手后面又有千耳传闻,百口议论。

记得"一叶障目"的故事吗?别以为自己蒙上眼睛,别人就看不见你了。演戏的人没办法把自己藏起来,只有拼命做得"好看"。

可是大家对"人生如戏"这句话不是这样理解的,可见懂戏的人实在不多,懂得人生的尤其稀少。如果你两样都懂得,那么你会觉得"人生如戏"这个比喻实在恰当,这绝不是说做人可以马马虎虎,虚情假意;而是说每个人做每件事都要尽心尽意,恰如其分,在整体的计划之下,求个人高度的发挥,追求一个无缺点、无遗憾的完美境界。

有人说他没有舞台,怎么会?家庭、学校、办公室、同业公会,你站在哪里,哪里就是你的舞台。演戏的人头上有导演,心中有剧本,等聚光灯照在身上,那也只有一个抖擞:人生好比戏剧,社会好比舞台,今宵由我演出,要使掌声如雷!

二

社会交往的烦恼

组织家

——组织家能使猫鼠合作,使蝴蝶与鲜花反目。

国外珍闻:一家公司的总经理征求秘书,条件是其人必须"状貌似女子,思想如男子,举止如贵妇,忠诚如狗"。这样的"人才"恐怕是不世出的,仓促之间如何找得到!

不过也有补救的办法:征求一个状貌似女子的人,一个思想如男子的人,一个举止如贵妇的人,一个忠诚如狗的人。总经理可以对这四个人各取其长,分别使用,或者让他们联合办事,互相支持。这种"四合一"的办法,就是"组织"。

组织家是世间第一流人才,他役使多人如使一人。世上本无完人,组织家却能集合众人之长造成一个完善的团体。此事说来容易做来难，每个人有自己的个性，有自己的私心，有自己的"潜意识"，组织家如何加以调和利用，九九归一，这本事，古人称为"调和鼎鼐"，就像厨师调和五味，做出好菜。

理论上，每一个单位的领导人，每一项工作计划的主持人，都是一个组织者，其中的成员要和他合作，才有成就，一如唱片用槽沟承受唱针，就奏出美妙的音乐来。"一个巴掌拍不响"，别人用这句话比喻冲突，你也可以用这句话比喻合作，文言成语不是也有"孤掌难鸣"吗！

"洋人"把共同从事某项工作的两个人或者两组人叫作一个 partner，意思是说两人像跳舞的舞伴一样，要双方互相配合，互相适应，进退举止出于默契，一致努力以求达到"圆满"。我当年第一次看到这个说法的时候真是茅塞顿开，相知恨晚，观察揣摩，念念在心。"假如工作像跳舞一样"有多好！我们敬业乐群，希望如是。

迷僧

——信仰伴随痛苦。失去信仰,痛苦并不随着消灭。

著名的寺院建筑宏伟,人员众多,组织严密,清规苛细,并非如一般人所想象的自由闲散。寺中一个年轻的和尚大不谓然,他本是为了逃避世间束缚才出家的呀!

他决计摆脱羁绊,贯彻初衷。他要做一个独脚的游方僧人,如闲云野鹤,在天地间徜徉自如。他愿意看山的时候寻山,愿意看水的时候就水。生活根本不成问题:钵在手,三餐随地募化,夜晚只要找个地方打坐就行了。

沿途有庙,他也进去礼佛访僧,当家的和尚待他客客气气,他不必负担什么义务,吃一餐,住一宿,客客气气地分手。可是也有缺点。他漫游四方,跟很多僧俗交谈,人家问他属于哪个丛林,听说他没有源流也没有归宿,马上减低了敬意。整年在江湖之上,风露之中,也找不到切磋佛理的对象,更没有亲密的知己,不免寂寞。尤其是,偶然有一点病痛,谁来安慰照料呢?原来"自由"并不如他早先所想象的那样十全十美。

一夜,他在一棵树底下打坐,倾盆大雨彻夜不停,他泡在水里念经。天明,山洪暴发,浊流浩荡,他爬到树上暂避。后来,树被水冲倒,他抱树逐波而下,漂流了三天三夜,在一座大庙旁边停住。庙里的和尚大批出动,正等着救人。他抬头一望,这座庙的模样好熟!原来就是他当初出家的地方。

他恍然了。既是和尚,就该属于寺庙,虽然庙愈出名,清规愈严,可是对一个出家人的造就也愈多。他需要大庙,工作忙碌、要求严格、增长技能、磨炼心志的大庙,做环侍权威、尽窥奥义的和尚。

死 点

——既在水中,要做活鱼。

古人说人类社会是一张网,人在网中没有自由。现代人也说"网",有新解释。人在单位中既有纵的关系,上司部下;也有横的关系,左右同事。一个单位是许多条纵线横线的交叉,好比是一张网。纵横交叉分布成许多"点",每一"点"相当于团体中的一分子,你我他。团体里面人跟人之间的公私来往,好比是电流沿着线穿过点。推动业务的时候,电流东西南北往返自如,发挥整体的意志和力量。

许多人一生都在网中,我们并没有编网的能力,却有入网的需要,我们只是被纳入别人编好的网中。有人被迫落网,那网不容分说自天而降罩在他的头上，有人自动进网，那网张着大口摆在他必须经过的路上。

你我他入网成点之后，也就是进入社会、有了就业岗位之后，对上对下，或左或右，都要融洽合作。假如在这张网上有一个"点"跟前后左右的线不能维持交通，成为一个封闭了的车站，车辆不能开进也不能开出，大家只好绕圈子，或者停下来造成壅塞，这就是一个"死点"。死点使行政效率低下，团队精神受损，这个单位就要像修理电路一样除旧布新。

一个人怎么会变成"死点"，可能的原因很多：身体太弱，才能太低，个性太傲，偏见太深，都足以致命。还有一种人看起来各方面都很健全，但是他没有认清他在团队里面所处的地位，他没有意识到他应该负起的责任，不能适应环境，使个体跟群体的关系恰如其分，这个"点"虽生犹死。世上有"死的活人"，也有"活的死人"。一个死点就是一个死的活人，他必定遭到团体的"埋葬"。

团队接力

——守本分,尽本分。

团体游戏中有一种接力比赛,参加比赛的各队排成长龙,龙头彼此看齐,蓄势待发。裁判一声令下,各队第一人开始按照规则行动,然后第二,第三……直到最后一人,最后一人最先到达终点的一队得胜。每队排头第一人的行动最受注目,谁的起步快,谁的失误少,谁的动作漂亮,谁替本队打下胜利的基础,开拓胜利的希望,旁观者一目了然。

轮到每队最后一人的时候,胜负之势大致可见,"一肩之争"特别紧张激烈。如果胜了,这最后一人代表全队的荣誉;倘若败了,这最后一人简直要承担全队的耻辱。中间来往穿梭的队友们使观众眼花缭乱,分不清哪一队居先哪一队落后,这些人精神上所受到的压力比较轻。

你是哪一种人?你愿做哪一种人?参加这个比赛的人大都希望做排头,不愿意做排尾,但是总不能人人都是排头,也不能没有排尾。游戏也是人格教育,当初设计这个比赛的人原是三种人都训练,如果你站在排头,要有英雄气概;如果站在排尾,要有善后担当;如果你属于中间的一群,要尽其在我,不求人知。

甲乙丙丁四个人下馆子。入座以后,服务生来问点什么菜,其中某乙对某甲说:"这里你常来,我们听你的。"丙丁俱无异议。这个小小的场面,是人类社会的缩影,说明领袖人物是怎样产生的:其中一人本领大,智慧高,能替大家解决问题、增加福利,大家愿意依赖他。

所以人生在世要佩服那些有本领的人,信任专家,接受权威。学他们的长处,不要嫉妒;容忍他们的短处,不要计较。

甜芋泥

——善行使恶人死,善人生。

这个故事,由外祖母传给母亲,母亲传给我,推算一百五十年已在华北流行。那时候,有一种没受过正式训练的医生行走各地巡回执业,给人开一些简单的秘方,可以帮人治病,也可以帮人害命。那时候,甜芋泥是一道美点,没人说糖分多了妨碍身体健康,不能想政府会出面规定饮料限糖。

交代完毕,言归正传。一个年轻的村妇偷偷地来问医生:"有什么秘方可以毒死我的婆婆?她虐待我!"医生告诉她:"可以让婆婆常吃甜芋泥,百日后无病自死。"村妇一听,这事容易。

百日后,村妇又向医生投诉:"现在婆婆待我太好了!可是她已经吃了那么多的甜芋泥,活不长了,我好后悔,好舍不得,有什么方法可以解救没有?"说着说着哭出声来。医生这才告诉她,"你放心,没关系,你的婆婆不会死,你和婆婆好好地相处吧。"

那年代,婆媳不和的现象代代相承,原因后果一言难尽。但是婆媳既是一家人,互相需要对方的支持,媳妇经常向婆婆供奉甜点,本是出于阴谋。掩饰阴谋,需要在供奉时笑容可掬,不知不觉把两人之间潜在的互依互存激发出来。

宗教家常说,如果有人亏待你,那是因为你先亏待了他。你的胃不好,因为你暴饮暴食,亏待了你的胃;你的肺不好,那是因为你抽烟太多,亏待了你的肺。当医生对村妇说"甜芋泥可以毒死婆婆"的时候,真正的语意乃是:"你先做一个好媳妇,然后你会有一个好婆婆。"他不过是改用了对方容易接受的说辞而已。别小看了跑江湖卖草药的流浪汉,其中也有圣贤。

石匠的智慧

——以人之长,补我之短;以我之长,补人之短。

中国宫殿式建筑往往用巨大的木柱支撑前檐,并且在每一根长柱下面垫一座石墩。墩面本来是平坦的,后来改为微微隆起,若有张力,十分好看。说起来,这件事情有来历。

任何朝代,皇帝建造宫殿都是国家大事,顶尖儿的工匠从全国各地赶来,顶尖儿的建材从全国各地运来,钦差监工,太监天天看进度,大家昼夜忙碌,情绪紧张,祈求祖师爷保佑依照限期完工,大家平安回家,不在话下。

有一天,木工师傅求好心切,重重责打了小徒弟,徒弟为了泄愤,把师傅的木尺偷偷地锉短了一分。

结果，根据这把尺做成的柱子都比实际需要短半寸。这是一个致命的错误，那些稀有的木材是远方进贡来的，没有办法在当地补充，而皇帝倘若知道木工破坏了工程进度，必定勃然震怒。木工师傅大哭，他知道自己要死了，而石工师傅则在一旁沉默而严肃地抽水烟……

以后的发展定在你意料之中：石工师傅使墩面微微鼓起，补足了木柱短缺的部分，皇帝不会过问，监工不会禁止，工时也不会延长，而石墩的球面隐隐反光，饱满有力显得皇家基业万世永固。这样，不但宫室如期落成，不但木工全家得救，也改善了石墩的设计，为中国建筑多增一分姿采。

这件事在当时是个秘密，事后还是传开了，这里面有中国古代建筑业的团队精神，也寓有现代中国人处世的哲理：别人的短处足以彰显我们的长处，我们的长处用来"承托"别人的短处，这样彼此都有好处。

第一颗金丹

——了解你的同类,才了解怎样生活。

当我不过是一个"大孩子"的时候就到社会上做事。那时候,我什么也不懂。有一天,我的上司给我上了一课。对我而言,那是人生的第一课。

"课程"的内容是这样:上司对我说,有一客人要来和他见面,他忽然临时有事,必须外出,客人来了,由我接待。我当时纳闷,为什么把这个任务交给我?别人比我有经验,或者跟上司更有默契。这个念头一闪也就过去了。多年后我才找到一个解释,他借故考验我或是训练我。

客人和我没话可谈,我能做的,也只是传达约会改期。客人走后,我去向上司复命,上司漫不经心地听着，突然提出一串我从未想过的问题：

"依你的看法，这位客人的知识水平如何？"我茫茫然不知道。

"他的人格修养呢？"我不知道。

"他的经济状况呢？"我不知道。

"他是一个有自信心的人吗？"我不知道。

最后，我的上司问："他为什么要来见我？他的目的何在？我是说，除了他已经说明的来意之外，还有没有保留？他临走的时候露出什么样的神色表情？"我都不知道。我怎么会知道！我从未想过，与陌生人匆匆一晤，可以了解这么多。

我的上司和颜悦色地说："你应该知道。你要赶快由无知变为有知。因为你是一个人，活在社会上与别人相处，必须设法了解你的同类，才了解怎样生活。"

大概我露出为难的样子，上司觉察了，他说："你将来想做隐士吗？那么你也得了解山中的草木鸟兽。比较起来，了解异类更难。"

后来我读以福尔摩斯为主角的侦探小说,才发现上司提出来的那些问题,福尔摩斯都知道。

人和人不一样

地球是圆的，围绕着太阳旋转，日光轮流照射地球上每一个地方，每一地方都慢慢地由昼到夜，又由夜到昼，这是一天。如果你坐在喷气式飞机上由东方飞向西方，你起飞以后，地球慢慢地把你起飞的地点送入黑夜，你在高空高速中脱离了那个点，仍然可以在日光之中，形成时差，时差累积，可以使你九月九日在台北起飞，仍然九月九日在美国降落，于是你的生命多出来一天。

他怎样使用多出来的这一天呢？有人对接他入境的亲友说，利用这一天，请你带我看美国最好看的地方，吃最好吃的东西。好，亲友带他逛购物中心（mall），资本家为平民大众布置的美丽世界，最好看的货物，放在最好看的货架上，前面站着最好看的小姐，地上铺着最好看的地毯。亲友带他去吃十元一个的汉堡，比麦当劳的价格超出三倍。

人跟人不一样，有人出了机场就让接机的亲友带他到补习英语的地方报名，他说我要留在美国，我要在第一天表示我的决心，以后在美国的每一天都是我多出来的一天，我准备吃一切苦。他拿出机票撕碎了，丢进马桶，他买的是来回票，而且是不能退钱的那种机票，他动身之前买这样一张机票也是宣示决心，为求能够顺利成行，向秘密警察表示我一定回来。

别以为人跟人应该一样。有人因为上帝让他的生命多出来一天，信了教；有人因为科学使他的生命多出来一天，叛了教。有人淡然置之，我从哪里来，回到哪里去，多出来的这一天，迟早还给人家。有人哈哈大笑，多出来一天？在哪里？简直异想天开！

果 因

——若要没有这个"果",要先消灭那个"因"。

小孩子都喜欢拨弄含羞草,有人种这种草让孩子高兴。这也难怪,只要你用手指碰它,它的叶子就会合拢起来,非常好玩。顽皮的孩子,常常要把一棵含羞草玩弄得直到它"羞死"了才罢手。

在棒球场上,投手跟打击手对抗。如果投手发现对方不善打变化球,他就猛投变化球;如果投手发现对方不善打外角球,他就拼命投外角球,直到把对方三振出局。

有一种软体动物,只有生物学家能说出它的名字。它体内百分之九十九是水分,如果碰上一点盐分,就连忙缩成一团,分泌出一点水来。于是在实验室里有这么残酷的试验：不断撒一点盐在它的身上，最后它将化成一摊清水，什么也不剩下。

富兰克林本来是吃素的，后来他由波士顿到纽约，看见船上的厨子剖开一条大鱼，从鱼腹中取出另一条小鱼来，于是他想："你们既然可以吃自己的同类，我为什么不能吃你们？"于是他决定放弃素食，开始吃鱼。

"人必自侮而后人侮之。"打不中下坠球的人，没有理由抱怨有那么多的下坠球扑面而来，这些球是自己招来的。与其希望所有的孩子都不碰含羞草，何如自己不做含羞草；与其抱怨世上的人太势利，太自私，何如自己敦品励学，力争上游。

所以一个家庭之中要互相忍让，互相帮助。否则，别人会说，他们家人父子之间尚且互相残害，我对他们为什么要仁爱？所以一个团体要精诚团结，和衷共济；一个国家要上下一心，共信互信。否则，不啻是发出宣言说："你们赶快来欺负我们吧，我们实在不愿意好好地生活下去了。"

自作自受的十八岁

——家庭温软,学校平滑,社会粗糙。

美国的中学,对年满十八岁的学生不再点名,如果他旷课逃学,也不再通知家长。十八岁,成年了,从此以后对自己的行为负责任。

假使十八岁算是一个分水岭,那么在此之前我们也许做过许多不负责任的事:对父母执拗、任性、自暴自弃,误解他们的好意或故意伤他们的心,所得到的却永远是爱和宽容。

家庭和学校不同,学校又和社会不同。家庭是你我生长的地方,学校是你我学习的地方,社会是你我贡献的地方。家庭温软,学校平滑,社会粗糙。孩子在家里舒服惯了,忽然进入社会,难以适应,怨言甚多。是了,这就需要有人告诉孩子,家庭是家庭,社会是社会,人迟早要投身社会,你必须接受这样的事实:老板和父母不同,同事和兄弟姊妹不同,办公室和你的卧房不同,工作也和给宠物洗澡不同。现在你是去顺应,不是改革;你去学习,不是批评。

美国那个最有钱的老板,比尔·盖茨(Bill Gates),曾经在某一学校的毕业典礼上坦率地提出一些忠告,一开始,他就毫不客气地说,社会上没有人在意你的自尊心,这个世界期望你先做出成绩,再去强调自己的感受。他说,如果你觉得你的老师太严厉,等你有了老板你就知道了。他又说,有些学校不再对学生的成绩排出等级,可是社会永远在排名。他甚至说,好好对待你厌恶的那个人,说不定有一天你就在他手下工作。

这话值得向美国人介绍,也值得向中国人介绍。因许多美国人一向不肯这样说。中国人这样说,听到的人不服气,认为"美国不是这个样子"。好了,现在他说了,你也听见了。

三

与我们关系越近的人,
我们越忘记?

现代人的母亲

——现代人好比同父异母的孩子,亦友亦敌。

冷战围堵的年代,中国台湾和大陆完全隔绝,身在台北的姊妹三人苦苦思念她们留在大陆的母亲,不能通信,更没有办法见面。

那年代,孤悬岛上思念父母的人很多,人家都有一张照片可以朝夕供奉,她们没有。有一天,大姐忽发奇想,凭姊妹三人的容貌,应该可以画出一张母亲的肖像,如果家中能悬挂这样一幅画,也可以稍稍安慰思慕之情,于是重金聘请一位画家来商量。

大姐说:"我的脸型最像母亲,请照着我的轮廓画母亲的脸。"二姐说:"我的眼睛简直就是母亲的眼睛,画上去吧!"三妹说:"我的鼻子……"画家不置可否,他忽然得到自己的灵感。

画家默默地工作了几天,直到作品完成,才允许三姊妹鉴赏。她们惊讶极了,画布上的一片线条和颜料根本不像是一个人。二姐失望得当场痛哭,三妹则掩不住她的怒气。

画家解释说:"我已经把天下慈母的特征汇聚在这幅画里,你们一定可以从其中找到你们的母亲。"可是三姊妹无法处理这张画,挂在家里,痛心;卖掉,亵渎。最妥当的办法也许是捐给博物馆。

馆长收下这幅画,非常高兴,他称赞这是一件杰作。他从三姊妹口中得知前因后果,又喟然而叹。他说:"现代人画不出他们的母亲。"

很多人谈论这幅画,作画的人也参加意见,他在接受电视台访问的时候说:"真糟糕,现代人不认识他们的母亲。"三姊妹还想再请另一位画家,那画家劝她们自己学画,"你们心目中的母亲,只有你们自己画得出来"。

身在情长在

——情感不随春花俱发,也不与秋叶一同凋落。

在中国,"情人"专指男女爱情,如果加一个字:"有情人",指涉的范围就大了。中国讲情理法,"情"字当头,五伦的基础都是情,美国情人节商店里出售的"情人卡",对象也包括父母、兄弟、姊妹、老师、长官、同事、朋友,他乡故乡隐然相同。难怪新闻报道说,情人节在中国也开始流行。

寄情人卡毕竟和寄贺年卡不同,范围缩小了很多。通常是贺年卡越发越多,情人卡越发越少。查中文字典,"情"代表真实的内容,情的对立面是"伪"。有情,仁义礼智信才是真的;无情,结婚戒指也不过一块五金而已。有缘应该有情,有情人是真诚无伪的人。

曾有报纸开展民意调查,未婚男女大半认为"永恒的爱情"是个谎言,有些人说,"值得回味的爱情"只能维持二十三个月(他是怎样计算出来的?),这些意见精辟,但是过激,说得平实一些,"永恒的爱情"自来很少,但并非绝对没有,它不是谎言,它是佳话美谈;它不可靠,它可爱,它是咱们吃不着的葡萄,不是咱们吃到的柠檬。

把美谈当作谎言,正是这个时代的流行病,凡是自己做不到的,都是不值得一做的,正是现代人"无愧"的秘方。所以有情人也成了稀有动物,需要列入保护,保护的方法是自己有情。"有情"也有秘诀,那就是对一切"情"不苛求,也不绝望,朋友不能替你还债,也不会帮助强盗来抢钱,两者之间,还可以发生许多事情。

中国人过情人节,不一定要发情人卡,可以静坐半小时,想想生命中有哪几个人对我有情,"身在情长在",自己绝非无情之人,情又用在何处。

借 盐

——邻居之间必须筑篱笆,不可垒高墙。

我的朋友很气愤,他说:"我受了一篇文章的欺骗,那篇文章的作者现身说法,告诉人家如何睦邻。那作者说,她搬进一栋公寓之后,想跟邻居建立友善的关系,就在做饭的时候走入隔壁邻家的厨房,说自己的食盐用光了,要求借一点儿盐。她说,他们的房子连在一起,各家的厨房建在后院里,也连在一起,左右邻居的主妇很容易在做饭的时候不期而遇,两个家庭的社交大半从厨房的门口开始,不成问题,她借到了盐。第二天,她跟丈夫正式到邻家拜访,并且带了一包精盐做礼物。从此两家和睦相处,十分融洽。这位作者劝别人也这样做,我听她的话，可是上当了。现在，我跟我的邻居关系恶劣，悔不当初。"

我说："那篇文章有关邻睦的建议大体上很对，你怎么收到相反的效果？"这位朋友愤愤地说："谁说很对？我如法炮制之后，情况糟透了。"

我说："让我们来检查每一个细节。你是在搬家第一天向邻家的厨房借盐，借以攀识他们吗？"

"是！"

"你借到了盐？"

"当然！"

"第二天呢？你还了他们一包？"

"这个，"我的朋友立时语塞，"这个我倒忘了。我觉得一点儿盐算不了什么，盐不值钱。"

"现在，你还是认为是那篇文章错了吗？"

我们如果诚心向借盐的故事学习，最要紧的是学会还盐，借一撮，还一包，借盐乃是制造一个还盐的机会，这样，"盐"就是"缘"，缘起不灭，以后会产生多少野餐，多少下午茶，多少生日派对，然后，多少守望相助，多少温暖的回忆。这才是你要的啊！你何尝需要那一点盐呢！

朋友小卡片

——朋友是树上的花朵（如果冬天未到），台下的掌声（如果戏未散场），湖心的明月（如果水未干涸），车上的邻座（如果车未到站）。

孔夫子说，交朋友要"久而敬之"。敬其人，也尊重他的权利、兴趣、嗜好、宗教信仰、家庭成员、社会活动。凡是对他关系重要的，你都要估计从高才好。"善与人交"使友谊永固。如果你轻视对方的配偶，你们不可能真正做好朋友；如果你讨厌对方的服饰，你们也不可能真正做好朋友；如果你讨厌他的烟斗，而这烟斗又是他最心爱的东西，那么……？

***

"我有钱，你没有，你应该尊敬我。"
"你有钱是你的，我为什么要尊敬你？"

"我把我的钱分给你四分之一,你可以尊敬我吗?"

"你不过仅仅给我四分之一,我为什么要尊敬你?"

"要是我送给你二分之一呢?"

"要是那样,我的钱跟你的钱一样多,我又何必尊敬你?"

"我把所有的钱都给你,你可以尊敬我了吧?"

"什么话!那时候我有钱,你没钱,我怎么会尊敬你!"

这是一个很有意义的对话,说明世界上有很多东西无法用金钱购买,例如尊敬、友谊、信任、真正的感动,它们都是非卖品。

***

请一次客,如果宾主尽欢,可以热闹一阵子,热度维持两星期。送礼如果送得恰当,可以看见微笑,时限是一个月。要想得到尊敬、友爱或者信任,要靠自己的人格对别人具有吸引力,加上奋斗不倦,露出发展的潜力。

值得尊敬的人未必给你友爱,友爱的人未必能托付重任,所以你不能只有一个朋友。

求才广告

——每个子女的生日就是他的母亲节。

"征求女性一位,一人兼做保姆、管家、厨子、裁缝、看护、司机、秘书、家庭教师,需适应主人兴趣,并忍苦耐劳,每周工作七日,早起晚睡,永远忍耐,忘记自己,无报酬,供膳宿及最低用度,终身不得辞职,必要时牺牲性命。"如果你看见这样一则广告,你会去应征吗?不会。你会说那个登广告的人大概是疯狂了,怎么可以用这样低的报酬加给对方那么高的要求?世界上哪会有这样的人?事实上的确有,而且很多,她的名字是"母亲"。

虚拟这一条广告的人,想用这样的方式,表彰母亲的贡献。美国人喜欢把许多事情"量化",再换算成金钱。美国弗吉尼亚州有个艾德曼金融服务机构，他们提出研究报告，母亲身兼十七种重要职务，如果每一种职务都雇用专人，这些人年薪的总数应该是五十万八千七百美元。马萨诸塞州有一个薪水调查机构，也公布了他们的调查结果，美国全职母亲的"年收入"应为十一万七千美元左右。

我们还得再加上一句：单亲妈妈和未婚妈妈做的工作更多，包括负责生活费用。当然，"母亲的感情无法计算"。林语堂说过，如果没有母亲，所有孩子都会在四岁以前死掉，因为在那个时代，孩子要出麻疹。我小时候听家乡父老传言，水灾旱灾大饥荒的时候，总是母亲先饿死，孩子后饿死，只要母亲没死，孩子不会死。不止一位学者说过，如果没有母亲，孩子长大以后缺乏同情心，不知道感恩，没有能力爱别人，除非后来宗教能给他补救。

小区闻人陈秋贵先生说，"我们拥抱辉煌，母亲累积沧桑"。母亲！这就是母亲！

改变命运的工程

——人杰而后地灵。

范仲淹,北宋的大文豪、大政治家,说出"先天下之忧而忧,后天下之乐而乐"的那个人,他在老家苏州买了一块地,准备盖房子。有一个看风水的先生告诉他,这块地的气脉极好,住在这里将来要出名人高官。范仲淹立刻说,既然这样,何不用这块地盖座学堂,将来好出现成百成千的名人高官呢?他这样办了,他的愿望也实现了,那就是有名的"吴学"。

抗战时期,日本军队侵入中国,沿海各省的学校纷纷向西迁移,北京大学、清华大学、南开大学在云南昆明共同组成西南联大,他们建校用的土地,当地人一向认为是出状元的地方。西南联大为国家造就了不少的人才，风水先生的话也算是应验了。

假定有一块地，在地理先生眼里是一块绝地，很不吉利，但只要在这块地上设置第一流的大学，照样会产生无数的科学家、哲学家、政治家。反过来说，如果范仲淹先生兴办吴学的地方被人抢先一步盖了秦楼楚馆，必然会制造一批一批的败家子。

人造社会，而教育家造人。想想看，如果没有教育家，如果我们不受教育，我们今天是什么样子，明天又是什么样子，我们的家庭会是什么样子，社会又是什么样子？我说过，再说一遍：如果你是水做的，教育家把你酿成酒；如果你是泥做的，教育家把你烧成瓷。天地造我，父母生我，教育家成就我，教育家是我们精神上的父母，人间的上帝，教育家是国家的祥瑞，众生中的圣贤。

所以中国人说天地君亲师，把老师看得和父母君王一样重要。天地君亲师，这五个条件都要具备，都要感激。

本是同根生

——除了利害考虑，还有情义。

历史有古有今，古代又分上古、中古、近古。上古之世，据说中国有个帝王巡视华州，当地人祝福他有很多钱，寿命很长，生很多儿子。他表示人老了有人欺负，人富了有人找麻烦，子女多了顾虑也多，都不是好事，他不要。

这个故事可能是庄子的创作，其中有道家的思想，对人生有许多负面的看法。网络消息，日本有一家杂志制作了一个专题，探讨"手足是风险还是资产"，使我把古今两件事联想在一起。中国上古时代，华州人认为金钱、寿命、儿子都是资产，那个帝王认为都是负债。

把金钱寿命都看成负债的人大概不多，兄弟姊妹呢？中国的地方戏，弟兄二人，一个收入高，倒也不是最高；一个收入低，倒是很低，哥哥嫂嫂把弟弟一家人看成负担，刻意冷淡疏远，有这样的剧情，不过用意在警世，批判这样的哥哥，若是堂而皇之当作一个选项，恐怕响应的人也寥寥可数。

中国人常常用树来比喻家庭，兄弟姊妹同气连枝，子孙后代开枝散叶，一棵树欣欣向荣，哪有认为枝叶是累赘、是多余的呢？如果认为兄弟姊妹将来可能要我帮助，现在就列为负债，那么父母呢？父母会衰老、会生病，要你照顾的啊。子女呢？子女会啃老，会远走高飞，不能回馈的啊。配偶呢？会离婚、会有外遇、会出车祸的啊。你自己呢？既然任何人都是你的负债，你岂不也成了任何人的负债？

从前出家人曾说人跟人的关系只有两种，一是讨债，一是还债。即使是和尚，现在也收起这套词句，改口说兄弟姊妹是前世修来的因缘，今生得到的福报，应该珍惜啊！

兄弟姊妹是终身的朋友

——火车总要开出车站,年轻人总要离开家庭。

年轻一代是宇宙间继起的生命,家庭教育他,然后,他通过学校,进入社会。

在他还没有进入社会生活之前,家庭先训练他。他从父母那里学习怎样接受领导,怎样跟领导他的人沟通;他从兄弟姊妹那里学习跟左右平行个性不同的人合作,争取他们的了解。他跟兄弟姊妹互动,及早得到跟异性相处的经验。如果家庭中还有子侄,他又可以知道怎样领导别人,怎样使别人接受他的领导。

这样,可以发现兄弟姊妹的重要。人终究要属于社会,家庭是社会的实验室,兄弟姊妹给你布置了一个友爱的环境，使你开朗乐观，在社会上容易得到朋友。兄弟姊妹也给你布置了一个竞争的环境，使你可以在阻力中保持和谐。如果你在职场有一个女老板，我希望你在家庭中先有一位大姐。如果你的左右手是比你年轻的男孩，我希望你在家中先有一个弟弟。

兄弟姊妹也给你布置了一个互助的环境。我看见先毕业的哥哥姐姐帮小弟弟小妹妹付学费，也看见年轻的弟弟妹妹为哥哥姐姐安排退休后的起居。看见兄弟姊妹联合起来共同照顾衰老的父母，也看见独生子在父母医药费的压力下憔悴喘息。

中国人一向认为手足之情是先天的，自然具有。现代人另有说法，人间情谊需要后天培养，把病人送进急诊室，在手术同意书上签字的人，往往是朋友，不是兄弟。即使如此，同乡同学变成好朋友毕竟容易一些，何况兄弟姊妹有血缘做基础？朋友，利害结合，理想结合，趣味结合，等到垂垂老矣，都逐渐散去，只有兄弟姊妹能成为你终身的好友。

父亲的艰难角色

——成功的文学人物反而是失败的社会人物。

咱们的新文学作品写母亲多,写父亲少,写父亲写得好,尤其少。就文学论文学,母亲容易写,写她的爱,她的付出,"含辛茹苦",恒久忍耐,就能感动天下读者。母亲的卑微和她的伟大成正比,但是你如果以同样的素材、角度写父亲,效果就很难说了。

依照大多数人的理念,父亲要为全家提供安全感、家庭尊严、社会空间,他不但可亲,还要可敬。母亲对子女只要张开双臂提供一个胸膛,父亲却要在他们头顶上竖起伞盖。这样,"及格"的父亲就没有母亲那样多,成功的文学人物反而是失败的社会人物。到底应该怎样做父亲才值得写?到底怎样写父亲才可以成为典范?恐怕是一个很难解决的问题,可以说,作家们或是在规避,或是在摸索。

中国父亲比较矜持,不擅长对子女流露感情,"严父慈母"自然分工。传统用词:丧父曰"孤",丧母曰"哀",可见子女对父亲的态度少了几分感性,多了几分理性,父亲是成功的人物,社会才"看父敬子"。美国的母亲节在五月,父亲节在六月,两大节日间隔太近,设计上有缺点,连续两次大宴,很多家庭实在有困难,多半是一桌团圆,双亲俱在,父亲节并入了母亲节。

"外省父亲"在台湾落户,常说他对得起祖先,对不起子女,天翻地覆,他们有"无可如何之遇"。是不是另外还有一些父亲,对得起子女,对不起祖先?父亲难写是因为父亲难做,这年代做人难,做父亲难,做总统也难,有时候我觉得做上帝也很难,尤其是做中国人的上帝。

六亲

——不要怕,只要学。

"六亲不认",到底是哪六种关系?书上有好几种说法。我小时候学过占卜,卜者所说的六亲很有意思。

第一是"我",占卦的人,谁来占卦,以谁为中心。

第二是"父母",这是对占卦的人最有利的一种关系。

第三是"兄弟",好处是"多助",坏处是"夺财",他要分家产。

第四是"妻财",妻子和财产在一起,妻子带嫁妆来,或者有了妻子,然后有人养鸡养猪,然后有积蓄。

第五是"子孙",占卜的书中称子孙为福德之神,缺点是"泄气",养育后代很辛苦。

第六是"官鬼",官和鬼并列,官随时可以变鬼,可能是吉也可能是凶。

前人创立占卜的那个年代,女子没有地位,六亲中把妻子看作财产,有兄弟而无姊妹,当年这些事,现在的男人都知道忏悔,按下不表。卜者的六亲,倒是把人情世故看得透彻,"官鬼"一词尤其幽默。六亲配上五行生克,有吉有凶,立身处世如占卜,希望六亲关系融洽,逢凶化吉,这时候占卜就是启示录了。

卜者认为要大吉大利得搞好人与人的关系,儒者把人与人的关系归纳成"五伦":君臣、父子、兄弟、夫妇、朋友。儒者只看五伦的正面作用:"父子有亲,君臣有义,夫妇有别,长幼有序,朋友有信。"亲、义、别、序、信,都是"生",没有克,善哉善哉,究竟如何,有待"事在人为"。若把五伦比六亲,卜者漏了朋友,可以加上,成为七个。

到了现代，人际关系又多了一个项目，个人和团体，有人称之为"群己"。你读书，有校友会；你做生意，有商会；做工人，有工会；做作家，有作家协会。人是合群的动物，下棋有棋社，画画有画会，连吃馆子都有个饕餮会。除了这些经常的组织，还有一些临时的结合，例如选举来了，你们支持某一个候选人，成立后援会。这些都是一个人和一群人的互动，六亲、五伦都未列，再加上，成为七个。

七种关系？这么多！太麻烦，所以出生的时候我们都哭了。然后，你看，裹进褟褓，他又笑了，因为一切可以学习。学习的成绩固然有ＡＢＣＤ，也可以由Ｄ上升为Ｃ、为Ｂ，"不要怕，只要学"，我们另有六字箴言。

四

谈读书

人兽之间

——人也是动物,但是不该仅仅是动物。

一架客机在蛮荒之区坠毁了,机员和乘客全部罹难,只剩下一个出生未久的孩子活着。附近山洞里的野人围上来,把死人吃掉,把活着的孩子带回去抚养。这孩子长大以后,长发利爪,茹毛饮血,跟其他的野人一样嗷嗷地吼叫,看不出彼此有什么不同。

这可以看出教育和环境对一个人的影响有多大。人本来是由兽进化而来的,有充分的可能还原为野兽。只有受人的教育,承继人类的文化遗产,才能免除这样的堕落。别轻看了乡下的老百姓,他们早已明白这番道理。有两句俗谚发人深省:"养子不教,不如养驴。养女不教，不如养猪。""驴"和"猪"虽然是兽，但是对人有益处，那由人退化而成的兽，恐怕就只有害处了。

现代国家教育发达，让每一个人都有机会读书，社会上也用各种方式鼓励读书，这里那里，仍然随处可见逃学辍学的年轻人。他们知道吗？人类有一个时代，一部分读过书的人不准另外一部分人读书，主人不许奴隶读书，男人不准女人读书，白人不准黑人读书，皇帝不准太监读书。这是一个残忍的阴谋，不读书，你和子孙就永远是那样的地位，那样的生活，那样的价值，读书的人继续保持自己的优势。

对我们来说，这个准许人人读书的时代，鼓励人人读书的时代，就是我们的盛世。社会既然把我们从那个残忍的阴谋中解救出来，你为何还要自愿坠入？今天社会上也还有人讽刺读书，美化不读书，实在难猜他们安的什么心。管他呢，你我还是读书吧，感谢我们的父母、师长以及一切教导我们的人。

下毒与撒种

——一本坏书,是一颗最黑的心。

书,大半是不得志的人写出来的。因为失意的人有写书的时间,也有写书的动机。失意者著书的动机,可以分成两种,一种是下毒,一种是撒种。

先说下毒。这位著述者,他为什么不得志呢?因为高高在上有人压迫他,他一再经历严重的挫折。他不肯叹一口气、吃斋念佛算了,他想报复。他没有办法毁坏那个高高在上的人,就用著述毁坏社会。说个比喻,为了弄死一条大鱼,他在整个池塘里下毒,全不念池塘里还有别的生物,整个池塘都是他的敌人。

再说撒种。这位著述者也受到打压迫害,他的热血、理想，都被现实社会埋葬了。人生几何？他不能再等下去，他要用一种方法，把生命中最宝贵的部分传给别人，免得随着他的肉体腐烂。他的著述在当时未必风行，甚至未必能出版，农夫已经把种子埋在土里，来年自然有个春天。

无论下毒或撒种，著述者心目中的读者都是下一代人，每一代年轻人慢慢长大了，这两种书都在前面等着你。所以读书要选择，不仅仅是选择那适合自己的程度、性情、理想和兴趣的，尤其要选择那有益的，排除那有毒的。下毒的书对年轻人的吸引力特别大。

人在心智没有成熟之前，读书要听长者的指导，如果你怕长者局限了你的视野，可以同时找好几位"导师"；如果你认为上一代的见解到底难以完全满足青年的需要，那么你将来会有许多时间补救。年轻时少读了几本好书，壮年补救，损失较少；如果年轻时多读了几本坏书，壮年想把它忘掉，可就难了。

由吃书节说起

美国有个"吃书节",用巧克力、糖霜、奶油、芝士、海苔、土司、饼干、糖果、蛋、果冻、鱼子酱、通心面、各色水果与蔬菜烹调成"书",不但外观精美,滋味也非常可口,前来参加盛会的人除了观赏艺术品,还可以痛快大嚼。据报道已有十二个国家引进了这个活动,日期定在四月一日愚人节,很幽默。

"吃书节"是在成人中间制造对书的好感,另外对孩子更是费尽心思。麦当劳曾经悬出赏格,由幼儿园到四年级的孩子,暑期三个月内到当地图书馆一次借书五本,可得免费一餐(由此可见,孩子本来整个暑假也读不到五本书)。美国教育部表示,暑假期间，孩子在家，他们希望每个孩子每天读三十分钟书（由此可见，孩子阅读的时间，本来连三十分钟也没有）。

曾经当选美国全国优良教师的包加特纳说，为了提高学童阅读的兴趣，他讲授《睡美人》的故事时，为睡美人举行婚礼，并安排了礼车与蛋糕。中国台湾，曾有十一位小学校长共同计议，为了鼓励学生阅读，他们都愿意亲自上台跳《天鹅湖》，与孩子们同乐，连身材矮胖的"教育部长"，也答应"必要时跳一下"。还有一个小学校长，他告诉全校学生，如果大家都能读完他指定的书，他可以在雪地爬行。

希望别人亲近书本，居然要这个样子，好像他们是去做了不起的牺牲。以前对不肯读书的孩子可以打手心，现在时代进步，不准罚，只好赏，越不听话越要重赏，人只有这么两套本事。赏是否有用呢？我问过许多教师，都说不一定有用。没有用，又怎么办呢？他们说只好各人认命，说完，叹一口气，那口气，听来蛮凄凉。

自尊造成自限

——自限造成自卑,自卑伪装自尊。

有两个人同时学习英文,姑且称为某甲、某乙。某乙每次见了我都要抱怨英文是如何的不合理,号称拼音文字而拼法却极其紊乱,一个 A 长音就有十四种拼法,学习的人仍然要死记字形。他说人在念英文的时候像个傻瓜,那么大的一个人了,还在牙牙学语:这是一本书,这是我的一本书,这是妈妈送给我的一本书。二十年过去了,某甲已经成为一个著名的翻译人才,对中西文化的交流大有贡献。而某乙仍在批评英文不合理,所持的理由仍然是 A 长音有十四种拼法,人在念英文的时候像个傻瓜。

"一个人只有东倒西歪,叫人看起来像个笨蛋那样,才能学会溜冰。"萧伯纳在他的作品里如是说。初学溜冰,不但姿势难看,也免不了摔倒。我们常说,从哪里跌倒,就从哪里爬起来,冰上很滑,学溜冰的人又穿着冰鞋,如何爬起来也要经过艰苦的训练。

由溜冰想到游泳,想到骑脚踏车,都有一个丑陋的学习阶段。人在学习的时候总是显得有些笨,有些傻,有些滑稽可笑。由此想到,人过中年为什么不容易进步,因为他放不下身段,不愿再示弱于人。由此联想到当年康熙皇帝怎么能跟外国教士学数学,也许只有外国教士能教他;他学习时低人一等的模样,也只能让外国教士看见。

年轻人还没有出现这种阻碍学习的自尊心,所以人生的第一个阶段称为学习期,因此称为人生的黄金时代。别笑我说教,我诚心诚意,主张人在学习期要不计一切好好学习。当你下场溜冰的第一天,会得到一些笑声,坚持下去吧,几个星期以后,他们就笑不出来了。

没有时间?

——利用零碎时间,完成庞大计划。

"人,不会忙碌到没有时间去做他认为重要的事",这句话,翻译来的,不大顺口,换个说法吧:一件事,如果你说没有时间去做,那是因为你认为它不重要。忙,忙着做重要的事。闲,重要的事情做完了。

有一个人每天要不停地转接电话。他在电话机旁边经常摆一本书,电话铃响了,他拿起听筒来,对方说"请等一等"的时候,他就利用那几十秒钟的时间看书。他很忙,仍然吸收很多知识。另外一个人坐在一间宽大的办公室里,守着一张宽大的写字台,虽然面前也放了几本书,他并不看,只有在他听见有人敲门的时候，一面说"进来"，一面急忙打开书本，装作看书的样子。他倒有空，整年连一本书也没看。

出版家詹宏志是个大忙人，也是一个读书极多的人，他在接受报刊访问的时候谈到怎样利用零碎的时间看书。他随身背着书包，开会的时候他准时到，别人还没来，他看书。上楼的时候，他一面走一面看书。中午在办公室吃便当，过马路等绿灯，搭公交车，坐飞机，他随时随地看书。还有，他起得早，早晨可以有一点时间看书。看人家，咱们还好意思说没时间看书？

时间是一秒一秒给你的，书是一个字一个字写成的，用一秒一秒对应一字一字读书，攻破"书"的堡垒。古人"三余"读书，列出三项剩余的时间，今人剩余的时间何止十项百项？读书是重要的事情，你不会没有时间，没有完整的时间也有零碎的时间，现代的生活方式使我们只有零碎的时间，如何利用零碎时间完成庞大计划，是现代人必备的修养。

言之过早

——悲观的人喜欢做预言家。

有人说,现在没人买书了,这话言之过早,请看台湾出版的报纸上有这么一条消息:

一个男子,三十多岁了,没有职业,经常到书店里偷书,每次可以偷二十本,装在随身携带的登山包里,由台北到高雄偷遍台湾。他架设两个卖书的网站销赃,生意很好,还雇了工读生做助手,警察抓到他的时候,他已经赚到一千多万元,大约合人民币二百五十万元,或美元三十五万元。可见社会仍然需要书。有人说,这偷书贼是行家,专偷名作家名学者的代表作,这么说,我们加一个字,社会仍然需要好书。

有人说,现在没人爱书了,这话也言之过早,纽约出版的报纸上有这么一条消息：

英国有一个小镇，镇上的图书馆搬家，居民听到消息，都来替图书馆搬书。大家排成长长的人龙，用接力的方式，把书送到图书馆的新址，看照片，阳光灿烂下，那些笑脸真美丽。和风习习中收工，没有一本书弄脏、弄破或是短少。那是他们看过的书，那是他们准备要看的书，那是他们要留给别人去看的书，他们爱那些书。

无论如何，书继续存在，有调查报告说，论传播的功能，书还占第四位。总有人用最多的时间读书，他们因此受尊重；总有人抽出一部分时间来读书，他们因此占优势；总有人完全不读书，好像也很快乐，人各有志，别人没理由一定到他那边去排队。

无须再数说书本的末日，新闻报道说，有人办了个学校，全用电子玩意儿教学，学生没有一本书，没有一支笔，没有一张纸。那样的学校会造就出什么样的人来？你我愿意把子女送进去吗？你我愿意是从那个学校毕业的吗？

知识上的饥饿

书太多了,反正看不完,有人干脆不看书。馆子里的菜也很多,吃不完,怎么没听说有人干脆不吃饭?不吃饭,会饥饿,有人只有生理上的饥饿,没有知识上的饥饿,这才是问题所在。

如果你有知识上的饥饿,总要看几部大书,"五岳看山不辞远",看山要看大山,看书要看大书。一座大山像华山或者庐山,等于是几十座几百座小山合成的,凡是那些小山值得一看的地方,大山里面都有,大山集合了许多山的精华和特征,大山是山中之山。

所谓大书是指学派的开山祖师写成的经典之作,

这种书问世以后,世界上就有许多书一再演绎他的主张,每一门学科的书虽然很多,把它们的内容归纳一番,每一类都跳不出几本大书的范围,这叫"春是万花"。大书也是集大成的学者归纳之作,他把前人百家的成就冶于一炉,这叫"万花是春"。大书像一张大钞,有了大钞可以换成许多零钱。大书像一个制造货物的工厂,它把货物批发给大盘的商人,再由大盘批给中盘,中盘批给零售商。

日本的一位学者提出新的说法,认为读书可以"乱读",不问学科,不问流派,不问古今中外,手边有书,随便拿一本就读,如果不喜欢,立刻另换一本。这个主张很受年轻的读者欢迎。想一想,咱们中国原来也说随机、随缘。也说读书便佳,只是没打出标新立异的口号,没有学理的包装铺垫,不足以动人听闻。

不必再等待有人替你开"青年必读书十种",这种事,到了现代,只有宗教还在做,他们是为巩固信仰,不是为了满足知识的饥饿。

假如知识像甜点一样

——人在吃甜点的时候,心情都像孩子。

"吃书节"把甜点做成书本的样子,让共度佳节的人享用,很有创意。可是古老的国家有一项优势,外国有新事物出现,这个国家就会说我们早已有了,中国大白话形容一个人专心读书为"吃书",又说读书有滋味,"有味诗书苦后甜",称之为回甘。

甜点不是苦后甜,它入口即甜,不需咀嚼,顺利滑过咽喉食道,享受那种被宠爱的感觉,人在吃甜点的时候,心情都像孩子。到了现代,市场要求著述者像制作甜点那样写书,文风一变。我曾用四句话描述这种作品的风格:"短短的篇幅,甜甜的滋味,浅浅的哲学,淡淡的哀愁。"

一个人年纪大了,也动辄要说从前如何如何。从前我受的教育是,好书并不是那么容易亲近的,那时,老师和家长都禁止我们看武侠小说和爱情故事,因为这两种书都太引人入胜了,看得太专心,太投入,有个形容词叫沉溺,你不是在吞咽,你已灭顶。

今天看来,这种教育观念太落伍了,今天哪个少年不看金庸,哪个少女不看琼瑶,金庸和琼瑶都很好,可是基本情势仍然是,轻松有趣的书作用在启蒙,读书的人恐怕不能够一辈子都停留在这个阶段。还有一种书由于内容深奥,以至文字的密度很大,读者钻研起来要多费几倍的工夫,而这种工夫是不能省略的。

回到用食物作比喻,我们做的馒头,无论如何不能跟甜点一争长短,但是该吃馒头的时候仍然要吃馒头,而且有时候要吃粗面馒头。论客严厉批评齐头平等的教学,尖刻讽刺每一门功课都考九十分的学生,我们读了也痛快,笑一笑,出口气,回到书桌,还得该干什么干什么。

跟着传播追追追

知识的传播有一个大致的程序。

新的知识,例如某一位化学家发现了某种元素,一位物理学家推翻了某种定理,一位哲学家提出了某种学说,诸如此类,先由广播、电视、报纸的记者做出报道,它只露出很小很小的一部分,好像是让我们看到一个标题。它也在报纸上以专栏的姿态出现,我们可以知道得稍稍多一点,就好像看见了一篇提要。这时候,它是新闻。

每一行都有它的专门刊物,新闻是大众传播,理论上一次告诉所有的人,杂志是分众传播,只告诉一部分需要知道的人。专业性的杂志对这一种新知识作比较详细的介绍，我们知道得更多了。我们得到了全部的精华，这时候，它是学问。

最后出现了一本书，一本新书。书是保存知识、传播知识最后的形式，它最详细、最完备，也最永久，你从第一页读到最后一页，可以看见全部的冰山都显出来。这时候你才知道在人类知识的总量里面到底又增加了些什么。这时候，它是经典。

读书的人留心新闻报道，从新闻里搜集新知识的情报。如果有些线索让你动心，就要进一步去看专业性的期刊，看这条线索发展下去对自己究竟能有多大帮助。如果你觉得那里面的确有你不可缺少的东西，那就应该毫不迟疑地购买全书，书一方面是源头活水，一方面是百川汇集的大海。

追求知识，有人到新闻为止，他是一个知识丰富的人；有人到专业期刊为止，他是一个见解精到的人；有人追到原典全书，那就是一个学问深厚的人了。

五

"能读书，会讲话"

语文背后

——"文明"给裸露的身体裁制漂亮的衣服。

从前有一个酒徒奉命戒酒,但他事实上饮酒如故,只是绝口不提酒字而已。当他喝清酒的时候,他说自己正在"拜访圣人";他喝浊酒叫"拜访贤人"。有人喜欢打牌,废寝忘食,却自称是在"读经"。《大学》上有一句"右传之第十三章",而打麻将每人十三"张"牌,四个人依照反钟表方向轮流坐庄,不是向右"转"吗?

坏事照实直说,人人知道那是坏事。把坏事装进漂亮的文字口袋里,常常可以使人觉得它没有那么坏。台北市有某种色情交易自称是物理治疗,卫生局明知那是干什么,却破不了文字布下的迷魂阵,尽在"物理治疗"上兜圈子做文章,以致这种非法的色情活动公然存在了许多年!

老鼠和苍蝇是传染病的媒介,形貌也相当丑恶,没有谁不讨厌它们。这句话太武断了,有些渔人一向认为船上的老鼠愈多,运气愈好;苍蝇愈多,捕到的鱼也愈多。

不过,这也不能证明渔人真心喜欢老鼠和苍蝇。在从前那种旧式渔船上,老鼠苍蝇都是无法消灭的。既然"命中注定"要带着在舱底穿梭的老鼠出海,带着黑压压的苍蝇登岸,他们就需要发明一种理论来解释这种现象,使大家安之若素。于是吉祥的老鼠、发财的苍蝇乃应运而生。

语言文字有掩盖事实的功能,所以"真理日报里没有真理,消息日报里没有消息",有些人竟任凭它炫惑。轻信字面的人常常受文辞的播弄,追逐时髦的人,对文辞急不暇择,唯恐后人,常常以身试"辞"。我们学习语言文字,要做到既不受它欺骗,也不拿来骗人。

恨从口出

枪击、滥射正在威胁社会,人人说话要拣字眼儿。

人说出来的话,就是他的思想,他的话进了别人的耳朵,又变成别人的思想,残酷的言辞产生残酷的思想,然后可能是残酷的激烈的行为。

人若心中有恨,容易说出残酷的话来。纽约市长一度对教育局不满意,他说要"炸掉"教育局。那时正值科罗拉多州校园血案发生,两名小枪手杀死师生二十五人,射伤二十一人,并留下一批爆炸装置。市长用词轻率,令人害怕后果,他为何不说关闭或撤销教育局?

最近市长又在电台发话,他批评某些养狗的人,任凭爱犬随地大便,并不用铲子清理。市长为民除弊,足以赢得市民的好感,可是他骂那个狗主人"该死",又犯了眼前的大忌。"该死"和"该杀"究竟隔多大距离?他心中究竟有多少燃料,怎么火气这样大?由"炸掉"到"该死"之间,没有人提醒市长不妥。

市长犯的错误,我们每一个人也常犯,我们使用的语言中常常带着杀机。例如"千刀万剐""我恨不得杀了他""他该枪毙十次"。阴间上刀山,下油锅,地狱烈火烧死人,可是人又死不了,永远尝烧死的滋味,都是心中有恨,口中残忍。我们习焉不察,忘了"宁为玉碎"有时也凶险得很。

新闻报道,有人死前写绝情书,有一句"用全部最恨的恨来恨你",十个字的短句中有三个"恨"字,读来不知不觉也咬牙切齿。想起抗战时期有一本书,名叫《为仇恨而生》,封面白纸黑字,赤裸裸不加掩饰,令人悚然。中国七情有"恶"没有"恨",先贤用词寓有熏陶之意,但孟子一句"恶之欲其死",又把"恶"解释成"恨"了。

"明契"

——沉默造成的误解,比语言造成的误解更多。

我们常说某人和某人之间有默契,所以合作愉快。"契"的意思是约定;默契,无言的约定:我是这样想的,我认为你也当然这样想,不用商量,我先这样做了,预料你也会这样做。

证婚人照例要问新郎:"你愿意娶她做妻子吗?"又问新娘:"你接受他做你的丈夫吗?"答案自然都是"愿意"。有人认为这样的问答实在多余,因为"答案可想而知"。凡是"答案可想而知"的问题,都不必问。

答案"可想而知",就省略了一问一答,双方心照不宣,凭共同的默契办事,是一种很美的经验。

这经验，在道德标准一致、思想单纯的古代社会里，往往可以得到。现代社会去"古"已远，观念复杂，甲心目中的"理所当然"，在乙的心目中可能是"岂有此理"。

举例言之，弟弟把五千块钱交给哥哥应急，在哥哥认为这笔钱不必归还，在弟弟却认为自然会还，两个人都没有把心里的话明白地说出来，都认为双方早有默契，事实却大谬不然。经年累月以后，弟弟如果讨债，势必伤了哥哥的心；如果弃权不问，势必伤了自己的心，两种结果都会损害双方的关系。所以咱们有句俗语，"亲兄弟明算账"，这就是明契。

妻子做清炖鸡的时候，照例让丈夫吃鸡腿，自己吃翅膀脖子，多年后才知道，丈夫最爱吃鸡脖子。

现代人彼此相处，一旦涉及权利义务，都喜欢处处说个明白。即使是人所共知的"天经地义"，人所共守的"金科玉律"，双方也要明知故问，欲休还说。默契可能有，但是要变成"明契"才算数，如此"赤裸"，殊少余味，但总比事后互相指责要好些。

其言也善

——少说话啊!为自己多留几句!

当面说好话,背后说坏话。做邻居说好话,搬了家说坏话。在职说好话,退休后说坏话。

人情之常,但是可以更向前一步,"君子绝交不出恶声","人之将死,其言也善"。

一个年老的公务员,毕生谨慎小心,后来被牵进一件图利他人的案子,受到撤职处分,名誉大受损失,退休金也领不到了。

亲戚朋友平素深知他的为人,都相信他受了委屈,纷纷到他家安慰、追问,希望他说出内情。这位老先生实在难拂大家的好意,就随口许了一个愿:"等我要断气的那天再告诉你们吧。"

亲友一直没忘记这句话。过了若干年,这位老先生病危了,亲友环绕床前再问:"当初到底有什么委屈,现在可以说出来了吧?"老先生抬手抚胸,欲言又止。"如果把什么话都说出来,这里面不是空了吗?空空洞洞的多难过。我在这里面留下一点什么,比较舒服。"

人是"撒手西归"的,子女玉帛,一样也不能带走,但是一个有深度的人、成熟的人,要带走为公义所受的委屈,别人的隐私,工作的折磨,小人的暗箭,长眠地下,永远不使人知。他到世界上来做客寄居,临行把善意留下,把肮脏收拾干净。

有一个名人,他认识不少名人,那些名人还没有很出名的时候,给他写过很多信,向他吐露一些名人的隐私。到了收信人的晚年,这一批信很珍贵,也可以说很值钱。你猜收信人怎么处理这批信?他在收拾遗物的时候一把火都烧了。

推而广之,筵席上没说出来的话散席后也不必再说了,结婚后没有说出来的话,离婚后也不必再说了。在世间没有说出来的话,到阴间也不必再说了。

侏儒症

——蜜蜂的价值在蜜,不在尾刺。

一个小孩在十岁左右就显露出锋利的口才和飞短流长的习惯。十岁以后,他的攻讦能力与时俱进,身材却始终不再增高长大,群医束手,都查不出是什么原因。从十五岁到五十岁,由童稚到垂老,这人虽有一条可畏的舌头,却有一个可笑的身体。从十五岁到五十岁,在这三十五年,他在漫长的连续的令人绝望的医疗中度过,所有的名医都尽了力,可是于事无补。这个长不大的大人,这侏儒,因为不能适应正常的社会生活,内心十分苦闷。他唯一的快乐,就是月旦人物,做无情的讽刺。

这些年间医学也不断进步,终于,在这侏儒

五十岁生日这天,发生了一件值得纪念的大事,医生对他说:"我们现在能够知道你为什么不能魁梧高大。这是由于你经常讥议别人的短处。你每一次道人之短,都足以使你自己缩小一分。你的生长完全被这种难以觉察的损害抵消。"

病人如同听见福音一样,虔诚而热烈地说:"我再也不谈论别人的是非了!我一定痛改前非。我将来能长多高?"

医生沉默片刻,小心翼翼地说:"现在,你的发育生长的顶点业已过去,时间对于你稍微嫌晚了一点……不过别悲观,我的忠告对你仍然有益,你可以努力保持现状,不再萎缩下去。"

我们

——多言使人厌,寡言使人忌。

"我跟别人交谈,怎么老是话不投机?"这是他久感困惑的一个难题。

他向一位专家请教,专家要检查他的语言系统,教他用录音机把平时的谈话都录下来,供专家审听。

专家花了许多时间听他的录音,对他说:"你有一个习惯要改,在你的谈话当中,'我'字出现的频率太高。试试看,以后尽量改用'我们',双方一定可以谈得融洽。"

他照专家的话去做,结果反而更糟,有一次,他对朋友说"我们"的时候,朋友当面顶撞回来:"你把那个'们'字去掉。"焦头烂额之余,他又去找专家诉了一大篇苦经。

经过一番问答,专家弄清楚了,当这人说"我们"的时候,并未考虑对方的立场,有时候"我们"有裹挟性,他对佛教徒说我们怎样怎样,那就把对方的信仰抹杀了。有时候"我们"有排他性,他对父母说我们怎样怎样,那就把父母排斥在外了。"我们"伤害了他的人际关系,把他不断从人群中分化出来。

专家忠告,"我们"也有团结性,你在说"我们"的时候,必须提出双方都能接受的意见和观感,你不能对一个喝酒中风的人说酒对我们有益处。"我们"是平等的双边协议,不是片面专断的命令。

好了,这人依照专家的指示练习造句,为了造句练习思考,这期间,他能在别人交谈的时候发觉,有人听到"我们",表情欣然,有人听到"我们",表情愕然,他仔细品味其间的因果。经过一番艰难的练习,谨慎的调整,他终于纠正了自己语言中的缺陷,也增进了他的人缘。他为此花了很多钱。

年轻人 vs 老年人

——提琴和胡琴能合奏吗?不能合奏也可以轮奏。

年轻人谈话多直觉的情趣,老年人喜欢夹杂道德教训。年轻人不喜欢感慨议论,常常不容易跟年龄相差很远的人作融洽的长谈。

对人生,年轻人看的是过程,老年人看的是结果。人在年轻的时候话多,到了老年话少。在三代同堂的家庭里会有这样有趣的场面:祖父和祖母沉默地抽烟,孙子和孙女在一旁为一只蜜蜂迷了路谈上十五分钟。

年轻人说话比老年人快,你在餐厅、课堂、广播节目中随时可以比较。年轻人发言是进攻式,老年人是防守式,老年人想了再说,年轻人边说边想。

年轻人说话是创造,他的话是一样新鲜东西;老年人说话是重复,这段话他五年前在北京说过,十年前在台北说过。

老年人苦口婆心,对下一代究竟有多大作用?人固然应该重视他人的经验,但是更受他重视的是他自己的经验。唯有通过自己的激动,自己的梦幻,才尝到人生的真味。要刻骨铭心,先动心忍性。

以前,爷爷的经验,孙子不能吸收,等孙子做了爷爷,说出来的话和当年的爷爷一模一样,乃是人生的一大浪费。现在,工业社会的孙子,和农业社会的爷爷,讲出来的话还会一样吗?承平时期的孙子,和战争年代的爷爷,讲出来的话还会一样吗?

提琴和胡琴能合奏吗?不能合奏也可以轮奏。陈年茅台和新酿绍兴能并进吗?不能并进也可以对饮。我常劝爷爷多听孙子讲什么,进入一个清新的园地,老少同游,恍如仙界。我也常劝别人多听爷爷讲什么,年轻时最需要了解别人,扩大自己的空间,先从了解自己的家人做起。

"可怜"?

——慎重选择你的口头禅。

一个清廉正直的人死了,身后萧条,你会听见有人说:"可怜!"上级要来视察,下级兢兢业业地加班准备,你会听见有人说:"可怜!"诸如此类。

"可怜"是一个古老的词,在我们祖父的一代,没有今天这样的用法,他们用这两个字对感染了重症的婴儿、在饥荒中呻吟的灾民、误入歧途执迷不悟的亲友表示感伤与同情。如果有谁胆敢把"可怜"加在忠臣孝子节妇义仆头上,老一辈的人会提出警告:"你这样说话是要遭雷劈的!"

现在,不知怎的,这两个字的用法变了。它表示轻蔑与不屑。这样说话的人往往在社会上略有成就,自命不凡,处处要表示他不是池中之物,表示他是役人而非役于人,从这里找到最有效、最简便的表达方式。他完全忽略了那些为理想而奉献的人会有什么样的感受。

消防员为了救人而葬身火窟,怎么会可怜呢?卫生队员深入疫区感染了不治之症,怎么会是可怜呢?"可怜"!别小看了这两个字,它是在散布某种观念,酝酿某种风气,摇撼某种标准。它像硫酸水一样,点点滴滴,把某些东西滴穿、蚀尽。由这两个字用法的改变,你可以觉察现代社会确已"人心不古"。

现代人注重人身尊严,"可怜"二字应该尽量避免使用,即使把它加在一个肢体残缺的乞丐身上,也会造成某种伤害。怜悯之情只宜形诸眉宇,若要再进一步,应该是援助的行为。看见了别人的不幸,就激起自己的骄傲和优越感,那是多幼稚的反应!倘若那人的不幸是由他的优点造成,谁有资格可怜他?大厦上层的砖瓦有资格"可怜"基层的磐石吗?

五讲四美

——一个人没有心灵美、行为美,也不会有语言美。

还有几个人记得"五讲四美运动"?"五讲",讲卫生、讲礼貌、讲道德、讲文明、讲秩序。"四美",心灵美、语言美、行为美、环境美。这是中国在改革开放之初提出来的口号,很动人。

在这里,我们特别注意的是语言美,一个人不讲礼貌,不讲道德,不会有语言美,一个人没有心灵美、行为美,也不会有语言美。

由五讲四美想到中国大陆的插图画家敏锐,随着伤痕文学的兴起,他们先改变了小说插图里的人物造型。女孩子秀丽可人,老头子慈祥稳重,军官清俊文雅,干部谦虚和蔼。你看图中人多么顺眼!

多么熟悉！怎么跟抗战以前的人物画差不多，怎么跟台湾、香港地区的人物画差不多！敢情是画家们知道五讲四美的样品要向何种文化背景中去物色，超车赶上形势。

后来中国大陆有了电视，电视新闻的主播，电视剧的正生正旦，常常成为大众模仿的对象，变化人民大众的气质。看电视台的招牌人物，就知道国家希望老百姓做什么样子的人。一九五八年五月，中国中央电视台成立，现在全国有三千多个电视台，据说是世界上电视台最多的国家，这里的电视节目没有暴力和色情，五讲四美的含量很高，树人立功朝朝暮暮。

电视可以教我们许多事情，现在提醒一句：看电视，学说话。仔细听播报新闻的人怎样讲话，推销商品的人怎样讲话，电视剧里形形色色的人物怎样讲话。劝人少看电视，徒劳无功，那就劝人善于利用电视，怎么样？很多人说，他唱歌是从电视里学会的，怎么没人说，他从电视里学会说话呢？这样的人一定有，也许你就是其中一个。

一切从这里开始

——人在使用工具的时候应该用理性控制工具。

社交从什么地方开始?"张先生,我的朋友李四说过,你作的五言古诗是当今第一。"社交就从这里开始。

深交从什么地方开始?"张先生,王五在那里毁谤你,说你作的诗不如庙里的签。"深交就从这里开始。

宋代名臣吕蒙正出身寒微,后来入朝做官,难免有人瞧不起他。有一天退朝的时候,他听见背后有一个声音说:"吕蒙正是什么东西,今天也站在这里!"

吕蒙正的同事自告奋勇,要去调查这话究竟是谁说的。吕说不必:"我不要知道这个人的名字,一旦知道了,就终生不能忘记了。"警告就从这里开始。

对于别人的批评,我们感兴趣的应该是批评的内容,以便有则改之,无则加勉,使明天的我比今天的我更进步,至于出自何人之口,并不重要。可是许多人的注意力恰恰相反,他们千方百计要知道究竟是谁在批评他,并不注意究竟批评了些什么。

闲谈论人是非,不要认为言者无心,事过无痕,这种话传播最快。传话的人津津有味,听话的人刻骨铭心。一句话说完了,多少恩怨也由此开始了!

一个人如果真有长处,你想夸奖他,与其说在当面,不如说在背后。一个人如果真有短处,你想指责他,与其说在背后,不如说在当面。当面称赞别人的长处,对方的高兴是有限的,背后揭露别人的短处,受者(除非他有过人的涵养)的愤怒是无穷的。

语言固然是文采,是性情,它也是工具,人在使用工具的时候应该用理性控制工具,你说呢?

六

谈话，谈什么？

一句天堂，一句地狱

你看，那人绕室彷徨，踌躇莫决……他又点上一支香烟……他倒进椅子里，因为他疲倦了……他随手抓起一本书，下意识的动作……他看见了什么，一跃而起。

那人参加抢劫，被捕，判处无期徒刑。他在事先考虑利害后果的时候，无意中看见："不能流芳百世，理当遗臭万年。"他如果在打开书本时能看见另外两句话有多好："法律虽然是个跛子，可是总是能够追得上罪犯。"

每个人所说的每一句话，都可能对别人发生重大的影响。因此，凡是足以污染心灵，导人为恶或堕丧志气、驱入极端的话，都该禁绝出口。这在从前谓之"口德"，现在称为"言责"。

行为的前奏

我的一个朋友非常相信"十三"不吉,他对"十三"这个数字十分敏感,他家过阴历年从来不贴"福"字,因为"福"字是十三画。

我说:"'福'字是十四画,旁边的'示'字本是五笔。"他却说:"我宁可相信十三画的。"

想法和做法之间是连着脐带的。"想"造成"做"的倾向。天天往坏处想,就难免往坏处做,结果把一切"好"的可能都扼死。

某甲弄到一把手枪。他经常玩弄手枪,向他的弟弟瞄准。在幻想中,他是瞄准了一个敌人。经过多次连续的想象,这"仇敌"变成不共戴天的死敌。

他多次从幻想中尝到手刃仇敌的快感。终于,有一天,他玩弄手枪的时候,"砰砰砰",把他亲爱的弟弟打死了。

奇遇记

有一个人独自在山野之间行走,突然撞见一只老虎。他大吃一惊,本想快步飞奔,可是那只老虎伸出前掌,表情痛苦,好像有求于人。

他慢慢走过去,仔细一看,原来虎爪的中心刺进一根铁钉。他知道这是怎么一回事了,就蹲下来,慢慢地把铁钉拔掉。这人回家,以为事情到此结束,没想到还有下文。

有一天夜里,老虎拖来一只死鹿,放在他家门前,算是对他的报答。这人高兴极了,一只鹿可以卖不少的钱。于是他辞掉了工作,什么事情不做,在门口钉了一块招牌,写着"专为老虎拔刺"。然后天天坐在家里等生意上门。

后事如何，可想而知，在这里就不说下去了。

明珠人心

"天有不测风云,人有旦夕祸福。"什么人的旦夕祸福和不测风云密切相连呢?渔夫、水手、海上贸易的老板。

赵老板从海上运输鲜蚌,中途遇见大风大浪,误了归期,船上的蚌肉都腐烂了。老板见血本全部损失,急得要跳海自杀。船长劝他:"等一等。"

船长率领水手清理船舱,从烂肉中找出一颗珍珠来(风把沙粒吹进蚌肉,蚌把沙粒变成珍珠),交给老板。

珍珠是钱,也是光明,给赵老板很大的安慰。

消息传开了,很多人向老板道贺,要看看那颗珍珠。赵老板说,你们应该看看我的那位船长,他没有任凭我投海自尽,然后清理船舱吞没珍珠,他才是我最大的明珠。

洗 手

耶稣最后判死,由罗马帝国派任的总督彼拉多主审。他认为耶稣并没有不赦之罪,当时的形势好像是群众公审,他完全失去主动,最后在法庭上叫人打来一盆清水,当众洗手,声明他对耶稣的定罪不负责任。

可是,在犹太人的传说里面,彼拉多的灵魂一直在地狱的门口,手放在水盆里,永远洗不干净,因为盆里面盛的是血水。

不在其位的人可以独善其身,做一个自了汉;倘若有官守言责,而又模棱两可,左右敷衍,那就无论如何也不能做得恰到好处,俯仰无愧。他必须选择，要么勇敢地挑起担子，负起责任，敢做敢当，舍我其谁；要么归去来兮，撒手不管，不尽义务，也不享权利。

秋茂园

台南有个"秋茂园",遍植杧果荔枝,不设关防,任何人都可以入园摘食,无须付费。

种植这一片果园的黄秋茂,台南人,三岁丧母,童年孤苦,曾因摘食别人的水果遭人狠打。后来在日本经商致富,就在台南兴建了一座"开放式"的果园。

任何人的心灵都可能受到外来的伤害,问题是怎样处理这伤口。这关乎为人品流的高下、品性的优劣和一生成败的契机。成功的人绝不暗伤潜恨,愤世嫉俗,采取摧毁性的报复,恰恰相反,他的遭遇扩大了他的同情心,结果他为这世界增添了美好的事物。

赞美泰戈尔的话:大地受了污辱,却报之以鲜花。

美人与猛虎

"美人与猛虎"是个老故事,现在有新版本。

依然是那三个人物:一个暴君,一个宫女,一个武士。武士爱上宫女,暴君大怒,把武士关进斗兽场里。斗兽场下面有两个密室,一个关着宫女,一个关着猛虎,武士可以去打开任何一间密室,赌自己的命运。

新版本增加了一段情节,暴君规定,武士还有第三条路,他可以放弃选择,远走他乡,再不回来。这个武士没有勇气去打开密室,看走出来的是虎是人,他从此消失了。

多年后,这隐名埋姓的武士才知道,暴君并不如想象中那样残忍，斗兽场中，两个密室里关的都是美人。

要手心向下

有些人是相信轮回的，于是有这样的故事流传民间：鬼魂在回到世间投胎之前，先要接受一次测验："你将来愿意常常把自己的东西送给人家，还是让人家常常送给你？"一个鬼魂连忙回答："我希望人家常常把东西给我。"

好了，这鬼魂投胎做人，终身行乞，靠许多乐善好施的人周济，这叫手心向上。如果他回答愿意常常把自己的东西送给人家，就会做一个慈善家，这叫手心向下。

手心向下是施者，手心向上是受者，"施比受更为有福"。无论社会多么发达，即使在美国或瑞士，伸手给小费的时候总比伸手接小费的时候快乐。

值得吗

每隔一段时间,书桌的每一只抽屉都塞满了,我们就要大大地清理一次,把许多东西拿出来扔掉。那些拿出来扔掉的东西,原是当初郑重放进去的,曾几何时变成了废品。可见我们每一年,每一月,每一星期,都会浪费时间虚耗精力,做不少并无价值的事情。

世上有一种人,所作所为样样有价值,件件有意义。文言文里面有一句称赞别人的成语,意思是说连他喷出来的唾沫星儿都是珍珠。这虽然是一种夸大的说法,但是人生确有这种造诣。

高山仰止,心向往之!上天给每个人的时间一样多,任何人每天都是二十四小时,行事之前,先想一想,这时候别人在做什么?我值得吗?

师旷的眼睛

师旷是中国古代的音乐大师,他为了提高音乐的造诣,用艾叶熏瞎自己的眼睛,使自己心无旁骛。

这个故事对我们有何意义呢?头悬梁、锥刺股早已有人反对了,难道为了学习还要残害器官?上古的传说可以当寓言看,熏瞎眼睛的意思是专心一致。董仲舒专心读书,三年没到后院看他家种的花,这三年,董仲舒是后花园的瞎子。有一位教授专心写他对黄河的研究,不看电影,不看武侠小说,甚至不看报纸,那几年,他是小说电影和报纸的瞎子。

有人说:"上天很吝啬,他只允许一个人一生做好一件事。"到了现代，学问与技术都愈专愈精，而社会上夺目驰神分散精力的因素又愈多愈强，"专心"就尤其重要了。

旅行箱

你可以常常看见一个问题：如果你要到荒岛上去生活，临行只准带一本书，你带什么书？有时候，你看见的问题是：只准你带一只箱子，你在箱子里放些什么东西？

生命好比是一只箱子，这只箱子很小，装不下太多的东西。究竟带什么，那可要因人而异了。

无论如何你不能用这只箱子装砖瓦，因为砖瓦这样的东西要几千几万个才能有用，提着一箱子砖瓦走路的人盖不成房子。若是带书，无论如何你也不会带一本皇历，因为今年的皇历到明年就成了废纸。

带书，若是西洋人，他大概说要带《圣经》，《圣经》，他未必信，未必看，可是他要带。若是中国人呢，有一个人说他在荒岛上得有一座小小的图书馆，他未必读，可是他要带。

康老子

最恶劣的行为不是犯罪,而是再犯。"康老子"是宋代戏曲里面的人物,他把祖上留下来的万贯家产败光,沦为乞丐,仅剩一条毯子,白天披在身上当衣服,夜里盖在身上当铺盖,忍饥挨饿,受尽痛苦,对于自己从前的行为非常后悔。

有一天,一个波斯商人在街头碰见他,注意到他的毯子,发现这床毯子是用冰蚕的丝制成的,全世界没有第二条,堪称无价之宝,立即高价买去。于是康老子又有钱了,又变成富翁了,又可以挥霍享受了。他在很短的时间内把这笔财产花光,再度沦为乞丐。可是现在他没有毯子了,他在街头冻死。

"康老子"的故事是人世间最可怕的故事之一,让我们看到了人性中可悲的一面,充满了警告的意味。

这个故事是真的吗

希特勒是一九三三年到一九四五年德国的执政者，第二次世界大战的重要角色，一九三九年首先攻入波兰，南征北战，盛极一时。

据说此人年幼时家境贫困，曾蒙一个中国人的家庭供给食宿。一九三六年世界运动会在德国举行，希特勒供给中国代表团全部的费用，表示感恩。

看历史，希特勒是独裁者、侵略者。但是，据说在他征服世界的计划中并不包括中国，他想留下中国，扩大中国，与德国平分秋色。

这故事是真是假？如果它是真的，中国人为何不大声说出来？为何不常常说出来？那个济助少年希特勒的中国家庭为何没有红起来？因为希特勒是个大恶人吗？正因为他是恶人，这一念之善才更值得谈论。

黄豆中的红豆

当年我们一群小青年共同学习写作的时候,有一个同学投稿极不顺利,实在忍不住了,难免抱怨。

教授邀他到家中喝茶,端出一盘黄豆给他看,再把一粒黄豆抛进去,问他能不能拣出来,这当然很困难。教授再抛一粒红豆进去,他一下子就找到了。

教授说,文章也是这样,要有自己的特色,才容易让人家发现。

教授说,学习写作,总是先写得不如人家,后写得跟人家一样,最后又跟人家不同。要注意,不如人家和跟人家不同是两个层次,你能分辨吗?

能分辨，但是说不出来。

教授说，你既然要做作家，就一定要能够把说不出来的那一部分写出来。

过程艰辛,结果美丽

美轮美奂的大厦,在施工期间,透过鹰架看外形,总是丑陋的。所有的科学发明第一次研发的产品,不是太庞大,就是太简单,不是效率太低,就是太不安全。科学家不能"除非完美,绝不发明"。

我们做人做事当然也希望达到完善的境地,但是万丈高楼平地起,不是一蹴而就。想想我们生命中的第一次:第一次定做西装,第一次交异性朋友,第一次买房子,第一次学照相,第一次参加比赛……都有缺陷。

第一次学走路,会摔跤,没关系,走下去,会跑,会跳。世界上有一种完美主义者,举手投足,战战兢兢,唯恐有什么美中不足,结果离完美的境界愈来愈远了。

对象错误

河南南阳有诸葛庐，湖北襄阳也有诸葛庐，我经过河南南阳的时候，顺便到诸葛庐一游，站在刘备三顾的地方，遥想"草堂春睡足"的漫长吟声，自是精神上的一种享受。

不知是谁在河南的诸葛庐立了一块石碑，絮絮诉说湖北的诸葛庐才是真的。那时还没有所谓观光事业，游人挥汗步行而来，看了这样煞风景的文字冒火，用一切随手可用的"武器"击打那石碑，千夫所指，那碑已是遍体鳞伤。

诸葛亮原来住在湖北，没错，可是立这块碑的人选错了地方。这样的碑文应该在湖北襄阳出现，那才是在适当的空间对适当人说适当的话。

歌与歌手

好莱坞拍过一部影片,探讨如果一首歌受欢迎,是因为歌好还是歌手好?中国的京剧也有过类似的话题,一出戏红了,是因为戏好还是演员好?

好莱坞的那部电影的题材既不是歌曲,也不是戏剧,它的故事是一个人在面对宗教的时候,考虑究竟是这个教的教义值得遵奉,还是传教人的人格值得跟从。故事结束时,电影的最后一句台词说:是歌手好,不是歌好。

由此衍生出来一个问题:歌好最重要,还是歌手好才重要?对顾客来说,馆子里的菜重要,还是服务生的笑容重要?对游客来说,古迹的风景重要,还是古迹的历史价值重要?你想过多少?

认识谣言

除非退出生存竞争,人难免常常受到谣言的困扰,它渐渐成了人需要长期面对的生活问题之一。

"大众"没有责任心,所以谣言传播很快。有人宣称不怕谣言,因为自信立身正直。殊不知谣言之发明正是为了对付行为正直的人。试看历史上因谗谤而蒙祸的人不都是正人君子?又有几个正人君子不是终身战战兢兢,忧谗畏讥?

制造谣言也需要一点材料,就是"嫌疑"。谣言的方程式是:"偷瓜的人必到瓜田。他到过瓜田,所以他偷瓜。"君子因此"瓜田不纳履,李下不整冠"。古人说:"夜行人不为盗,但不能使犬无吠。"话诚然说得好,但也无妨自问:既不为盗,究竟有何必要夜行?

学笑记

"微笑吧,全世界就是一台摄影机!"我的一个朋友深深为这句名言所感动,决意经常保持笑容。

朋友纷纷贡献心得,有人对他说:英文字母 G 发音时,面部肌肉的操作和口型变化与微笑相同,照相的时候可以念 G。有人对他说,家中无人的时候,拿一根筷子横过来咬住,训练脸部的肌肉,微笑容易出现。

他一一照做,不料效果很差,几个月后,爽直的人见了他要皱一皱眉,说他那副"皮笑肉不笑"的样子像一个伪君子。

有一天,他偶然触机,恍然大悟,真正的微笑不是 G 发音和咬筷子,而是内心的和乐、喜悦、亲切感和善意,然后笑容不知不觉自然形成。

机 智

郭子仪是唐朝的中兴名臣,曾率兵讨安史之乱,受军民爱戴。后来朝廷派李光弼接替郭的职务,当地老百姓一致悲泣,大家成群结队围住郭的坐骑,不肯放行。郭子仪宣布:"我不走,你们让开一条路,我好把朝中派来的使者送走。"百姓信以为真,自动闪开,郭子仪马上加鞭,疾驰而去,把队伍和民众都抛下交给李光弼了。

郭子仪得民心,要知道在那个时代,边疆大臣深得民心,皇帝并不开心。郭子仪非走不可,而且要赶快脱身,拖拖拉拉,朝中来的使者没法交差,来接任的李光弼也尴尬。有人说这是郭子仪的冷酷,有人说是他的"狡猾",都不是,这是他的机智,和狡猾、冷酷绝对有分别。

七

关于爱情

一个新分子介入

——让花自己开,让鸟自己唱。

六个单身汉是好朋友,他们每天下午七点一起晚餐,星期天一同看球赛或者到海水浴场,他们穿的衣服和戴的饰物也互相模仿。直到有一天,其中一人带来一个妞儿参加晚餐,局面开始变化,讲述这个故事的人,法国小说家莫拉维亚插嘴说,当一群男朋友的圈子里面掺进来一个女人时,这一伙,毫无疑问,就会分崩离析,每一分子要各走各的路了。

下面,莫拉维亚用十分有效的文字描述她的美丽,她对男人的吸引力,也写出她对男人的骄傲和对其中一个男人的柔顺。终于有一天,那个独得芳心的男人宣布,他和她以后不再参加集体的晚餐了。

这个宣布激起小说的高潮,然后,这个六人一体的小组织就烟消云散了。

联想一下,香港著名的导演易文讲过的故事,三个单身汉合租了一间住房,合请了一个女子为他们洗衣服。起初,她把每个人的衣服都洗得干干净净,折叠得整整齐齐。后来,她只肯给三人之中的一个洗衣服,别人的衣服不洗,三个单身汉的友谊也破裂了。最后,她跟这三人之中的一个结了婚,他搬出去组织家庭,她连这个男人的衣服也不洗了。

恋爱是你的生命中增添了一个人,犹如太阳系增添了一颗行星,整个星系的引力都要调整,恋爱中的当事人只凭个人的感受,第三者例如父母顾虑全局,必然产生矛盾,矛盾无法调和时只有切割。从前的脱离父子关系是切割,现在的搬出去自立门户也是切割。以上两个故事都是以男人的视角写成,我不知道女性主义者如何处理相同的题材。

不管你怎么说

——爱情是信仰,婚姻是生活。

人人说这个世界上没有爱情。

从埃及来的消息说,欧西里斯(Osiris)被恶人杀死了,恶人把他的遗体分成十几块,丢弃在荒野里。他的妻子爱瑟丝用芦苇编扎成一条小船,在尼罗河里航行,找回丈夫的遗骸,拼凑起来,她守着尸体念咒,直到欧西里斯复活。

有人说,那不过是神话。可是由台湾来的消息说,京剧团里,一个男演员和一个女演员,这一生一旦是一对爱侣,经常同台演戏。后来发生了一场车祸,女演员失去了知觉,医院没办法使她复原,花样年华,人人叹惜。那男演员每天搬了一张凳子来坐在她的床头，唱戏给她听，唱他俩同台演出过的戏，唱了一出又一出，这样过了一年又一年，始终没有间断。有一天，女演员听见自己唱过的戏，忽然开始有了反应。

有人说，这样的事纵然有，也是天下唯一，没有第二。可是由湖北来的消息说，也是一对年轻的情侣，也是遭遇了一场车祸，也是女子在手术后变成植物人。开始，有很多人来看她，后来，大家渐渐忘了她，只有她的男友每天来陪她，为她按摩，叫她的名字，讲述甜蜜的往事，说了一遍又一遍。有一天，她听见自己的名字，开始有了反应。

"生命的故事比一眨眼还要快，爱情的故事不过是哈罗与再见"，这是美国摇滚乐团唱红了的歌，多少人跟着唱。可是好像并不完全是这个样子，不管你怎么说，这里那里，还是不断有讯息传来，爱情的香火未断。下一个故事，可能就发生在你身边。

台北小故事

第一个小故事:

女孩的父母信佛,男孩的父母信主,两个年轻人恋爱了,双方家长都坚持对方必须改变宗教信仰才可以结婚,于是这一对恋人开始互相说服,但是谁也没有"投降"。

有一天,男孩出了车祸,生命垂危,这个信佛的女孩连日进教堂跪拜祷告,祈求"他信的神保佑他"。男孩终于不治,遗言葬礼仪式照女孩信仰的佛教办理。

第二个小故事:

那年代男孩子还怕羞,他一直想向女朋友求婚,即使在两人单独晤对的时候也不敢开口。

终于有一天,他鼓足勇气来到她的门口,可是连门牌也没望一眼,像个机器人一样一直往前走,茫然停在十字路口。

绕了一个大圈子,他不甘罢休,又走回她家门前。好不容易停下来,可是没有敲门就悄悄地撤退了,像个小偷。

一阵乱走之后卷土重来,心里涨满了"破釜沉舟""孤注一掷",顺手捡起半块砖头,猛敲她的大门,如同擂鼓。听到里面有人抽掉门闩,他奋不顾身地冲进去,和她撞个满怀,俩人都倒在地上。

他不顾疼痛,立刻爬起来改为跪姿,大喊一声"嫁给我吧!"嗓门儿如喊救命。

她坐在地上,一面揉膝盖,一面抱怨:"嫁就嫁呗,你那么大声音干什么!"

你那里也有这样的小故事吗?

让它流过去

——你可真正了解什么是"年华似水"?

"重负不会压垮你,你背负的方式却会。"我喜欢这句话的意思,但是不喜欢造这样的句子。一个人垮了,不是因为他失恋,是因为他面对失恋的态度不妥,这番意思有没有另外一种说法?

有,我看到更好的一句话:"举得起放得下的叫举重,举得起放不下的叫负重。"包袱永远背在身上,即使是很小的包袱,时间久了,也沉重得令人失去常态。信不信?你一天二十四小时握住手机试试看。

现在说到失恋。歌德描述这种痛苦:一心想走出去,去登艰险的山,通过无路的森林,穿越蒺藜墙,使它可以伤我,通过荆棘,使它可以刺我。那夜雨雪交加，他出门乱走，回来的时候全身湿透，头上的帽子也不见了。钟晓阳描述这种痛苦：绝望，绝望到想死，许多以前爱的（东西）现在不爱了，世上的事物开始漠漠待她，她也漠漠地待它们。

然后呢，任它过去吧，它不是山海关，挡在前面不让你过去。它是潇湘水，你不要堵住，让它流过去。新闻报道，有一个男子，失恋了，也失踪了，多年后被人在远方发现，他还在世间，人面兽形，神经失常，他不让那一段流过去。

流过去需要一段时间，也许剩一些残渣，你有办法帮助它冲刷干净。有一个慈善组织发起，请失恋的人把以前情人赠送的东西捐出来，由他们变成善款，救苦救难，多少人纷纷响应，拿出大衣、项链之类。大家都说这是个好办法，你即使把那些旧日的情赠丢进大海，心里还是有挂碍，化为善行，这才空出一颗心，伸开一双手，容纳新的东西，也治疗旧时的创伤。

再生的爱情

——人生不只有一个春天。

英国诗人吉卜林说,"真正的恋爱是一次,只有一次,而且只对一个人"。这个意念到了密契尔的长篇小说,变成"反正都不是所爱的人,嫁谁都一样"。到了白光的流行歌曲,变成"如果没有你,日子怎么过,反正肠已断,我也只有去闯祸"。

现在看,这个标准太狭隘,爱情有再生的能力,一个时期可以有一个时期的爱情,所以胡适之说可以先结婚再恋爱。我也说过,美满的婚姻是每隔几年重新恋爱一次,只对那一个人。

再仔细看,"反正都不是所爱的人,嫁谁都一样"。原是出于一个女子之口,那么"一次,只有一次,而且只对一个人"恐怕也是针对女性而发，女性主义者读了，大概别有会心。爱情再生需要新的土壤，新的气候。当年社会封闭，女子往往一辈子钉在原来的环境里，再生缘稀有难逢。现在当然不同，女子可以放眼四海，即使原地不动，新文化新人物也一拨一拨涌出，前卫分子已走上街头，公然喊出"下一个男人会更好"。

可以说，"一次，只有一次，而且只对一个人"，这样的爱情是初恋，再生的爱情是再恋。初恋出乎自然，再恋要靠营造，加入了蜡烛、红酒、音乐、鲜花、生日快乐、恭贺新禧。初恋是梦幻，再恋是生活。初恋知道梦美，再恋知道情重。

有没有三恋四恋呢？当然有，不过很可能，恋爱的次数越多，营造的成分也越大，酒也越淡。

真正的恋爱是两个人的身心完全契合，人之为人太复杂微妙，完全契合不容易，而男女总得结为夫妇共同生活，为求生活美满，只有努力营造，增加契合。

捉海鸥

——恋爱是闲人的忙事,忙人的闲事。

有那么一个人,经常到海边散步,海鸥跟他熟悉了,停在他的肩上头上,如果他在沙滩上躺着,海鸥会停在他的身上。一天,他一面往海边走一面想:为什么不捉几只海鸥带回去呢?他存着这种念头,到了海边,海鸥在他头顶上高高地盘旋,再也不肯下来。

那人想捉海鸥,海鸥会知道。男孩子一旦动了念头想捉住某个女孩子,她也会知道,她的内心忽然起了某种感应,知道有件事情要发生,她也会像海鸥一样,高高地盘旋。但是她也可能故意落下来,停在你的肩上,等你的手伸过来,再赶快飞开,落在你的身旁一米左右的地方,双方展开一种追逐,变换着各种招式。

为什么不用捉海鸥比喻恋爱呢？恋爱也可以是一场兴奋热烈而又庄严的捉迷藏，最后也许捉到，也许没有捉到，捉到了还记得那些辛苦，捉不到也忘不了那些趣味。

这是一件麻烦透顶的事。可是我们不要忘了：自"维新"以来，许多人流血流泪，反对父母之命媒妁之言，就是为了要自找麻烦。所以恋爱的第一诫命是不怕麻烦。恋爱是终身大事，凡是大事都麻烦，怕麻烦的人一事无成。

说到这里，"被爱是幸福的，爱人是痛苦的"这一句"格言"就不对了。恋爱是"互爱"，有爱人的能力才有被爱的资格，能爱人才有幸福，只"被爱"反而痛苦。

你见过纯粹"被爱"的人吗？住在精致的监狱里（金屋），戴着刑具（腕链耳环），由狱卒（狼犬）看守，等待配给的囚粮（笑容和吻）。幸福要等手握钥匙的人开门进来时才有，幸福不在门内，在门外。

热病中的甜点

——爱情是我们内心深处千回百转,不舍昼夜。

有人说,爱情就好像在海边拣石头,每个人都去拣他喜欢的那一颗。一旦拣到了,高高兴兴把它带回家去,好好对待它,从此不要再到海边去。

联想一下:据说苏格拉底告诉他的弟子,爱情就像拣麦穗,从田地的这一头到那一头,只准走一趟,也只准拣一棵。他的弟子因此错过所有的机缘,空手而回。

他们说的是择偶,择偶的过程里有一个环节,叫作爱情。拣石子也好,拣麦穗也好,忽然有一块石头,一棵麦穗,在你眼里放大了,放光了,你发烧了,战栗了,用钟晓阳的话来形容:她的视野日渐狭窄到只容他一人,他背后的东西她完全看不见,一切远景都在他身上,甚或没有远景,他就是她的绝路。这才是爱情。爱情发生,一定可以拣到自己喜欢的石头。

木心说:"爱情,不来不好,来了也不好,不来不去也不好,来来去去也不好。爱情是麻烦事儿。"

爱情是我们内心深处千回百转,不舍昼夜。爱情是热病?爱情是甜点?爱情是患了热病的人吃几口甜点。爱情是你用自己做材料造了一座神,在神座下面你不再有我,而神像有时候好像是木雕泥塑。

所以恋爱带来痛苦,失恋也带来痛苦,失恋也是热病,但是没有甜点了。失恋向相反的方向变化,本来是膨胀,现在是萎缩;本来是兴奋,现在是沮丧;本来是敏感,现在是麻木;本来是乘法,现在是减法,减到零还不停止。

热病会痊愈,会留下后遗症,后遗症里头有养分,我们壮大起来。爱情功同再造,你我两世为人,失恋也是一种隐秘的幸运。

纽约小故事

第一个小故事:

"女人是男人的另一颗心,他知道这颗心什么时候不跳了。"其实男人之于女人也是一样。

且说这一男一女都信了佛教,都念"色即是空",都觉得情缘已尽,一时还没想好告别的方式,时光不停留,圣诞节又快到了。

男的寄了一份圣诞礼物给女的,大型的礼品盒,包装精美,地道的美国风习。

女的慢慢地把它拆开,大盒子里面套着中型的盒子,中型的盒子里面套着小型的盒子,小型的盒子套着一个很小巧的盒子,每一个盒子的包装都别出心裁。最后把小巧的盒子打开,里面空无一物。

女的恍然，她也回寄了一份礼物。男的一面拆，一面猜，只见盒子里面套着盒子，盒子里面又套着盒子，每一个盒子都包装精美，最后也是空无一物。

男的也明白了。

第二个小故事：

纽约，一个中国人的家庭，儿子告诉妈，他找到结婚的对象，约个日期带她来家给妈妈看看。妈妈一看是个白妞儿，坚决反对，费了许多力气，把他们拆开了。

过了一年，儿子又告诉妈，他又找到结婚的对象，约个日期带她来家，再给妈妈看看。妈妈一看是个黑妞儿，更坚决反对，费了更多力气，总算又拆散了。

再过一年，儿子告诉妈，他这回找到最贴心的伴侣了，约个日期带她来家，再给妈妈看看——妈妈一看，是个男的！

讲这个故事的人最后郑重附加一句：你的儿女要结婚，你就赶快让他结婚吧！千万别提什么意见了。

你身边也有这样的小故事吗？

为谁辛苦

这是一个很长的故事,我希望能很快地讲完它。

在武松打虎的那个时代,山上常有老虎,老虎总是要到山坡的村落里觅食,平静的山村人畜伤亡,家家不安。既然有虎为害,就会有以猎虎为专长的人。

现在要说的是,某一个山村出现了老虎,村人从很远的地方请来一位打虎专家。专家把山村里面的壮丁组织起来,翻山越岭,搜索老虎的踪迹。说也奇怪,这时候老虎反而不见了。这一支巡逻的队伍,在饥渴、疲乏、失望、恐惧之余,要求解散。

打虎专家说:"好吧,你们都回家吧,我要留在山里面继续寻找吃人的老虎,我要把它打死,为地方除害。这件事情由我一个人来干。"

这一类英雄人物,那个年代也常有,不过这人还有内情。原来他在搜索老虎的途中,偶然碰见一个清秀可爱的村姑,他越想越喜欢她,也越忘不了她,越希望再碰见她。当时匆匆一面,他不知道她的姓名住处,那年代,他也不能公开寻人,他只能希望在寻捕老虎的时候再度与她偶然相逢,天赐良缘,这是他要独自冒险打虎的原因。

经过一番出生入死,他终于把老虎打死了,其间经过,也许比《水浒传》写的那一段更精彩。现在要说的是,当他带着虎皮回到山村的时候,村民把他当凯旋的英雄一样欢迎他,可是他的内心非常地寂寞,因为他再也没有碰见那清秀可爱的女孩。

男人是为女人而工作的,有人公开地为一个女人,有人秘密地为一个女人。所以:

身为男人,要谨慎地接受女人的影响;

身为女人,要谨慎地使用她的影响力。

试一试，心软了吗

"衣带渐宽终不悔，为伊消得人憔悴。"

衣带宽了，因为人瘦了。瘦，因为相思，生命为爱情消耗。渐宽，长期消耗，不是一朝一夕，而是长年累月。为爱情受这种折磨，心甘情愿，当作福分。

怎么样，你心软了吗？如果不行，再看下一句：

"落红不是无情物，化作春泥更护花。"

落红，落花。花落了，花季过去了，相爱的日子满了，情人分手了，我以前付出的爱仍然呵护你，我的生命以后仍然为你付出，我永远在你的毛发里，肌肉里，血管骨骼里，永远相随。

怎么样，心软了吗？如果不行，再看下一句：

"似此星辰非昨夜，为谁风露立中宵。"

昨天夜晚，你站在这里，望看窗子上的灯光人影。虽然风很大，天气也凉了，深更半夜也不回去。可是她已经搬走了，今夜不是昨夜了，窗子上没有灯光人影了，只有风还是这么大，夜还是这么凉，你怎么还站在这里呢？

怎么样，心软了吗？如果不行，再看下一句：

"此情无计可消除。才下眉头，却上心头。"

都说爱情是一场大病，怎么爱情过去了，病还不好？好像人已搬走了，留下满屋子的垃圾，这些垃圾堆在我的眉头，人人看得出来。和尚、道士、心理医生，都来帮忙，勉强从我的眉头卸下来，堆在我的心上，心脏怎么受得了？只好在眉头和心头之间搬来搬去。

怎么样，心软了吗？如果不行，还有下一句：

"拼今生，对花对酒，为伊泪落。"

劈头一个"拼"字,认了命,铁了心,一切豁出去,也要爱。明知道会留下终身不愈的创伤,那以后天天举起酒杯,流下眼泪,也就是了。

怎么样,心软了吧?如果还不行,咱们继续找。

八

你想成为哪种人

一朵花比一种人

西洋人说一朵花造不成春天。我是中国人,中国人说一朵梅花就能造成春天。

我家没种梅的时候也有植物报春,它是多年生,球根,花朵似郁金香而小,像是郁金香远房的子孙。它在每年春分之前就钻出积雪,使人精神大振。冰冻的土地很坚硬,它必须以"怒芽似剑"的姿势开路,然后,它就转换角色,谦卑地、柔和地、十分可人地在雪地上铺出一片彩色,以春的气息转换人们冬的心情。这花身价平常、地位重要,因为它"一阳来复",占了先机。

家庭园艺,月季或玫瑰也很受欢迎,花期长,一拨一拨，谢了又开，好像希望无穷。菊花并不怎么好看，无奈秋容惨淡，百花退隐，只有它还能挺在那里，为大地留些颜色，你想不爱它也难。开到荼蘼花事了，那就看玫瑰的了，夏日最后的玫瑰凋谢，那就看菊花的了；菊花抱香死，那就等来年一枝梅了。

哪有四时不谢之花？只有让它们按季节轮流出场。花有千红万紫，也有公侯伯子男，有花看花，无花看叶，花和叶都没有了，残枝也够你看上半天。一般人庭院面积有限，花能入选，必有合乎人的需要，或因为开得早，如梅；或因为开得久，如月季；或因为开得迟，如菊。以花喻人，时机是成功或失败的一个条件。

古人用花比女人，今人用花比一切人。以花喻人，他如果开风气，敢实验，就得一"早"字。如果专心致志，再接再厉，就得一"久"字。如果不求近功，大器晚成，那要用一个什么样的字？社会需要其中每一种人，犹如花园需要每一种花。春兰秋菊，也算是人各有志吧。

人分类

从前上海有一位闻人,把门下宾客分成几类:有本领,没脾气,一等;有本领,有脾气,二等;没本领,没脾气,三等;没本领,有脾气,四等。

本领使人骄傲,骄傲的人跟同事难合作,老板指挥他也困难,大家都会暗想:这人要是没那么大的脾气有多好!因此在这样的人才之上另悬一个冠军名额,让他屈居第二。其实有本领,没脾气,这样的人才是奇花异卉,不可多得,能够本领大,脾气小,就令人称庆了。所以古今人才在本领步步提高之时,也能使狂傲之气步步下降,这是修养。

没本领而又没脾气的人占大多数,所谓没本领,指他没有杰出的才能，他能做的事情人人都能做。一个机构里面大部分职位并不需要英雄豪杰，只要守规矩尽本分就好，用这些人，机构稳定，老板也省心。所以这样的人在社会也有生存的基础。这样的人也不愁没有一席之地。

没本领而又有脾气，世上真有这样的人吗？有！这样的人生存艰难。有人问，他的脾气从哪儿来呢？我倒想问，世路坎坷，他一定累积了许多失败的经验，脾气为什么不能改一改呢？

何休士把人分成三类：一、借别人的经验改正自己，上。二、利用自己的经验改正自己，中。三、自己的经验对自己也没有用处，下。第一种人即"智者"，第三种人即"愚者"。愚者不能改变自己，却能造就智者。智者借鉴他的经验改进自己，所谓"愚者言而智者择"，所谓"傻子讲的话是聪明人的讲义"是也。愚者为造就智者而设，一如"他山之石"为"攻玉"而设。

力争上游

"在你们中国,教育的目的是什么?中国的父母希望自己的子女将来做什么样的人?"

某夫人旅行国外,经常遇见彼邦人士提出这样的问题。某夫人曾经提出几个不同的答案。最后,在她的斟酌之下,她表示:"中国的父母尽力教导子女,使子女能够用上流社会的方法解决他所遭遇的问题。"

人生在不断地解决问题,问题大致相同,解决问题的方法悬殊。一个学生如何通过考试是"问题",舞弊是"下流"的方法,努力用功、寻求良师益友是"上流"的方法。如何得到某个职位是"问题",送红包是"下流"的方法，凭学历经历师承能力等条件得之，是"上流"的方法。所谓教育，无非是学习解决问题的方法罢了，人之品流，在他解决的时候显示出来。

方今职场情场名利场屡次发生凶杀案件，用枪解决纷争，就是"下流"的方法。要想用"上流"的方法解决问题，自己要先是一个"上流"的人。某夫人的意思：一个"上流"的人不必炫耀财富来表示"上流"，要在如何挽救婚姻危机时表示他的"上流"。

"用上流的方法解决问题"，并非仅仅是个人努力的目标，它也是家族与家族间、团体与团体间的接力赛，它是长程的发展计划，一代一代累积的成效。一个做乞丐的文盲努力培养一个中等学校毕业的儿子；这儿子，努力培养一个大学毕业的孙子；这孙子，再努力培养一个博士，一个国际水平的高等知识分子。

所以中国父母的口头禅是要子女"争气"，心里最大的恐惧是出现"败家子"，"败家子"是一块倒下的骨牌，可能使整叠骨牌崩塌。

有用的人

——过错不能抹杀,但是可以用善行掩盖。

哥哥是教授,弟弟是律师,平时分居两地,不常见面。一天,哥哥来看弟弟,弟弟正在怒冲冲地研究一份文件。

"你看他们这样利用我,我要告他们!"

哥哥看见的是一家孤儿院向社会募捐的启事,下面发起人里面有弟弟的名字,而这位律师显然事先并不知情。哥哥对着大发雷霆的弟弟喷烟圈,眼睛望着天空,半天,开始说话:

"还记得吗?母亲一直勉励我们要做一个有用的人。"

"当然记得。我一直在这样努力。"

"什么叫作有用的人?"

"学问充实,品格端正,身体健康,能主持公道,维护正义。难道这有什么不对吗?"弟弟反问。

"当然对!但是你只知其一,不知其二。所谓有用的人就是一个有资格被人利用的人。恭喜你今天被人利用,这证明你的奋斗已经大有成就!"弟弟茫然不解。哥哥对他说:"皇上坐龙廷,受天下人利用,佞臣要利用他,难道忠臣不想利用他?后宫想利用他,难道边疆不要利用他?功业愈大,名望愈高,愈难免受人利用。怕人利用的人成不了大事。"

弟弟逐渐心平气和:"那么我该怎么办?"

"你看,他是办孤儿院,不是做坏事。你当然可以告他,而且稳赢,可是你赢了,这一百个孤儿就输得很惨。我们不妨把这家孤儿院的院长请过来,支持他募捐,并且帮助他建立制度,好好保管运用这笔钱。"

冒险精神

——冒险精神和"冒险精神病"有区别。

媒体一再报道：美国青年喜爱冒险，因为冒险，正以"惊人的速度死亡，"具体数字是平均每年三万七千人。

这三万七千人之中，不知道华裔青年占了多少，猜想一定是很少的！中国文化对抑制年轻人的冒险冲动立下栏栅，做了保护的措施。

东方圣哲用非常感性的语言告诉人：你的每一根头发都是父母的心血，你的每一次呼吸都是父母的生命，你的每一寸皮肤都是父母泪水汗珠，你唯一的回报是爱惜自己，除非你的毁灭可以使父母祖先得到光荣。

听来很落后，是吧。青年应该有冒险的精神，可是方向呢？赞美冒险精神，原是为了车辆下的婴儿有人抢救，为了正在受辱的妇女有人奋身保护，为了有人无视威胁，挺身为刑案做证，或者执行艰难的任务深入蛮荒，或者捍卫国家慷慨走向战场。

而今多少青年冒险死亡，却是为了酒后开快车，为了枪对枪解决争端，没有受足够的训练就带着女朋友驾驶私人飞机，装备不足偏要深海潜水或攀登高山！真正需要见义勇为的时候，反而无人出头。这样的冒险有何值得提倡？

青年的冒险冲动也许是神圣不可否定的，然而华裔青年最好略知先哲的告诫。清寒之家的子弟想一想，何苦去学人家浪费金钱生命？大富之家的子弟则必须知道，你的自毁也许恰好是劳苦大众的娱乐节目，同时也使悠悠众口有机会"诅咒"你的先人，说他们报应在子孙。

这篇在纽约写成的文章，也许只能在中文报刊可以刊出，可惜海外千万华裔青年，早已不认得中国字了！那么，送给国内的青年朋友吧。

美式职业排行

——价格重要,莫忘了价值。

进白宫做美国总统,不如进餐馆做洗碗工?岂有此理!可是美国的职业排行年鉴分明这样说。

年鉴根据六项标准排名,做总统工作压力大,工作不稳定,加薪太少,而且没有提升的机会。没有提升的机会这一条颇幽默,如果这一条能成立,谋职非常困难也可以列入。

美国总统排行第二二九,洗碗工排行第二一三,或许可以看出社会多元,政治民主,"帝力于我何有哉"。照这种价值标准,中国若有职业排行,榜首可能是"钱多事少离家近",做总统也不值得羡慕,可是我们总不能说,总统改行做洗碗工是一项高就。

这个美式排行标准完全没有考虑职业对社会的贡献、牺牲的程度、留下的影响，完全以自我为中心，计算有形的收获。中国民间俗语："当三年乞丐，给个县长也不换。"依照这个标准，完全可以成立，县长也是"工作压力大，工作不稳定"。

一九三七年到一九四五年中国抗战，那时大后方一般军工教人员的收入，都赶不上长途运输大卡车的司机。有一位中学校长托媒求婚，女方拒绝，理由就是：我连司机都不嫁，怎么会嫁一个校长？现代中国也一度出现了"脑内科不如脑外科"（教师不如理发师），"造原子弹不如做茶叶蛋"。司机和理发也都是可敬的职业，现在议论的是，时人认为前者空洞，后者实惠，因此而有抑扬。

这样的职业排行只能是不成文的，非主流的，只能写一篇轻松的小品。堂而皇之作成报告，俨然是立身之大本，社会品流的大经大法，恐怕洗碗工友、理发师傅都要说，别给老子开玩笑了。

专 家

某宅设宴请客,延聘一位名厨来做菜。在商量菜单的时候,厨师说:"我只会做鸡。"好吧,全桌都是用鸡做成的名菜也不坏。厨师又说:"我生平专做一样菜:炖鸡胸。其他的菜你得另外找人。"

这个虚构的故事是讽刺专家的,不过并未影响专家的地位。这是专家作业的时代,一个炖鸡胸专家固然做不成一桌酒席,如果把烧鸡腿的专家,炒鸡丁的专家,煨鸡爪的专家,处理鸡肝、鸡脑、鸡皮的专家都请齐了,合办全鸡大餐,岂不是世界上顶顶出色的一桌菜?

某先生留学归来,朋友们设宴欢迎。我那时不大懂事,问他在上国专修何事,他说我专门研究液体怎么在管子里流动。我说听起来这件事学问不大，他说不大，我学了七年。

我们都自以为对牛很了解，老农说，其实牛凶猛残忍，老实耕田并非它的天性。台中市司法保护更生会饲养的一头牛，平时性情温驯，由六十九岁的周芝芳饲养。一天，周老先生和往常一样，带牛到西屯区一段与二段交界处放牧，不知道它受了什么刺激，大发牛脾气，低头向周撞来，周猝不及防，当场肚破肠流惨死。

这头牛又向人群扑来，路人见状，纷纷走避，一时秩序大乱。警方据报，立即赶到现场，但牛脾气使警察束手无策。由于情势紧迫，警方开枪射牛，连发九弹，牛咆哮如故。这时有一位懂得驭牛术的陈姓屠户赶来，以绳索套住牛头，一刀刺进它的要害，把这头疯牛制伏。

这就是专家之所以为专家！

学有专长容易找到职业，但是专门技术人员也容易失业。

异 师

《三字经》说犬守夜,鸡司晨,苟不学,何为人?认为动物各有专长,值得取法,《异师记》一书大大发挥了这个主张。

人类的远祖在草昧时期与禽兽同处的岁月很长,耳濡目染,理当受到影响。人类可能从蚂蚁学合群,从牛学坚忍,从狗学忠诚,从虎学沉着威猛。

进化到某一程度之后,人类渐渐跟山林间的野生动物隔离了,从此,人只能模仿人,人以老师父母朋友同事为借鉴,发展铸造自己的人格。不过人类的家庭中还有家畜,金鱼使人自爱,母鸡加强人对家庭的责任感,画眉鸟使人争强好胜。

老虎是肉食动物,肉屑塞在牙缝里,腐烂了,会生病。有一种鸟经常来替老虎清理牙缝,老虎张着大口让它工作,等它工作完了再闭口,彼此有充分的默契。某种凶猛的野猪,也欢迎某一种鸟落在它的背上,啄食皮肤皱褶里的寄生虫,如释重负。这些情形,对人类一定有深远的启示。

台湾东部山区有一种猴子,举世少见,在动物学家眼中有特别价值,于是有人以捕捉、贩卖这种猴子为业。捕捉猴子不是一件容易的事,猎人永远追不上它们。可是猎人有办法对付幼猴,不管老猴跑得多快、多远,只要它们的孩子落入猎人的掌握,它们自然会走回来束手就擒。

蜻蜓也飞得很快,蜻蜓也有孩子。说起来真是可怕的讽刺,蜻蜓最喜欢吃的东西就是自己的幼虫。孩子们捉蜻蜓,用蜻蜓的幼虫为饵,就能布置最有效的陷阱。蜻蜓只认得那是一餐美味,完全忘记了亲子关系。

从这里可以看出来为什么蜻蜓是低等动物,猴子是高等动物,为什么人类是万物之灵,又超出猴子之上。

锁匠和小偷

有一个锁匠,制造各种防盗锁,功效良好,家家必备,于是他发了大财。

发财后的锁匠(他现在不是锁匠了)知识增加,见闻丰富,他知道单靠好锁不能消灭盗贼,他知道有许多小偷误入歧途悔之已晚,就拿出钱来成立一家训练机构,收容洗手的小偷,教给他们谋生立业的技能,使他们能够重新做人。

小偷有开锁毁锁的特长,他们知道每一种锁的弱点在哪里。这位制锁致富的人采纳偷儿们(他们现在不是偷儿了)的意见设计新锁,加强防盗的功能,在世界各地申请专利,设厂制造,俨然一大企业,财源滚滚，赚的钱也更多。

这时，锁匠（他现在是亿万富翁了）年纪已大，识见更高，他知道单是鼓励小偷悔改还是不够，就捐出家产的一半成立基金会，从事社会风气的改善和道德教育的加强，从正本清源着手。

财富加上道德热忱，他的声望高极了。有人替他忧虑：盗贼愈少，锁的销路愈低，岂不影响他的财源？倘若社会上有一天偷抢绝迹，家家夜不闭户，他的制锁工业岂不要崩溃？不会，完全不会，仍然有人甘居下流，人仍然要小心保管自己的财物，小偷不会绝迹，甚至也看不出有显著的减少。制锁企业家努力减少盗窃人口的结果只会使他这个人升高，他仍然是富翁，而且是伟大的富翁。

晚年有人来给这位伟大的富翁写传记，请他作出总结，他说有一个问题我始终想不明白，他由爱锁到爱小偷再到爱社会，发现有些人总是以自己沉沦把别人垫高，他虽然尽一生之努力也没能改变。这是为什么？希望有人能够回答。

鸡口？牛后？

——青年人的第一线，是跟有成就的老年人在一起；老年人的第一线，是跟有作为的年轻人在一起。

宁为鸡口，勿为牛后。这句话有人赞成，有人反对，但是这句话究竟是什么意思，一向很含混。

鸡口、牛后代表什么？如果有人宁愿受水平很低的人奉承，不肯向才智很高的人学习，自命"宁为鸡口"，鸡口即代表一种封闭式的逃避。当初林肯为黑奴争自由，不惜面对南北战争，但是有些黑奴在得到自由之初，觉得反而不如依附大户人家生存比较省事。这一类的"牛后"，就是依赖，不长进。

有一个家庭如此叮嘱子女："儿啊，你将来无论干哪一行，定要在那一行最优秀，最杰出。"另外有一个家庭如此说："孩子，无论做什么事，即使是很小的事都要争取主动，不要任人摆布。唯有主动，才可以表现才华，也唯有主动，才会尝到工作的乐趣。"这才是鸡口。

"鸡口"是美丽的，"牛后"是肮脏的；"鸡口"是敏捷的，"牛后"是迟钝的。鸡口重"质"，是精华所在，牛后重"量"，是剩余部分。所以……

有一个年轻人在市场摆了一个摊位，这是他为人生而奋斗的第一次战役，是他的事业的起步。他向一位老前辈请教经营的方法，那人已经很老，完全退出生活的竞争，可以坦然把实话说出来。他叮嘱那个年轻人："记住，这是你的摊子，你要整天站在摊子后面，可是别让任何人站到你的前面！"

九

小说知世

《一杯茶》

《一杯茶》是英国女作家曼殊斐尔的短篇小说,沈樱女士中译。

小说主角是一个有钱的太太,丈夫宠她,所以她任性;商店的老板都巴结她,所以她自大;周围的人都忍她,让她,所以她不大懂得人情世故。不过她并不像三十年代左翼作家笔下的富婆那样可厌可恨,仍然带着资本主义上流社会的幼稚可爱,当然,你得有高度,不嫉妒她有钱。

于是发生了下面的故事。马路边有个褴褛瘦弱的小女孩挨近这位有钱的太太,向她乞讨能够喝一杯茶的钱,暮雨中,小女孩全身湿透了。这位太太突发奇想,她要为这个小乞丐创造奇迹,做一件舞台上见过、书本上读过的事情,带着小女孩回家喝茶,两人一同上了马车。

她告诉丈夫,她要把这个小乞丐留在家中,改变命运。丈夫把妻子引到书房,称赞女孩美丽,而且提议他们夫妇当天晚上就带着小女孩一同到外面去晚餐。美丽?这位太太感到出乎意料,她连忙回到自己的房间察看,那个小女孩经过火炉的烘烤,喝了热茶,吃了精美的点心,到底是年轻人,逐渐恢复了红颜。这位太太连忙拿出几张钞票打发小女孩走开,再也不提她的奇思妙想。

小说故事以"一杯茶"发动,"一杯茶"刹车,结构严密。我在这里不谈这个,请注意,小说中的丈夫显然认为太太荒唐,但他没有正面反对,他知道女人不能容忍一个更年轻更漂亮的女孩留在丈夫身边,采用迂回战术,攻其所必救。方法简单,复杂的问题迎刃而解,小说的结尾不俗,留给我们的回味深长。从这个角度看,这篇小说的主人翁是这位丈夫。

反省一下,我们那些解决问题的方法是否太笨了?费尽力气去解决一个问题,反而引起两个问题,庸人自扰。聪明人应该怎样做?我不能一一替你设计,我不是张良、陈平。我可以建议你多看注重情节的小说和戏剧,请注意,我说注重情节,有些作品是反对情节的。在那里面,作家负责给剧中人制造难题,紧接着以举重若轻的方法解决,以急转直下的方式解决。那些方法未必可以复制,但是可以开窍。

《一败涂地》

这是契诃夫的小说。写一个穷小子去劝说他的未婚妻,你嫁给我以后要过穷日子,那种日子你过不下去。未婚妻说我有嫁妆,穷小子说这一辈子很长,你的嫁妆支持不了多久。小说约四千字,大部分篇幅写穷小子反复陈词,未婚妻本来爱他,没有世故经验,对婚后的生活充满幻想,经不起他循循善诱,层层揭破,最后,他终于把她说服了,她承认自己不适合做他的妻子,取消这一门亲事。他这样做,本来是想得到她的尊敬,可是结果,他连她的背影也看不见了。小说在穷小子的后悔中结束,他自问,也好像问读者:现在,我该对她说些什么或做些什么呢？

朋友，你打算怎样回答？我认为这位穷朋友不必后悔，娘家富，婆家穷，在古代中国产生了许多贤妻良母，在现代恐怕要产生怨偶婚变。到了现代，婚姻仍然以情感为本，它还有上层建筑，如果不是门当户对，就得志同道合。我们见过一个中学毕业生和一个硕士结婚，见过一个司机跟一个富婆结婚，除非他们有共同的志趣，否则，我们不鼓励。

这也不是全部答案。想当年我认识一个穷小子，他交了一个有钱的女朋友，女方家长瞧不起纨绔子弟，鼓励他们交往。我们的穷朋友对那富家千金说，你跟我来往，要过跟我一样的生活。我们在一起的时候你要穿平底鞋，劳动者的鞋。你跟我一起出门要去挤公共汽车。我们看电影要买最后十排的廉价票。我们吃饭要吃快餐店里的盒饭。他说让你看清楚，这是我的生活方式，如果我们结婚，我不会接受岳父的资助改变，只能由我们一同奋斗。你可以慢慢地想，能不能由你的生活方式进入我的生活方式。他的女朋友说好好好，一切由你导演。

　　这也不是全部的答案。读契诃夫的这篇小说，我们知道富家女有三万卢布陪嫁。以这笔资金做基础，新郎应该做一个计划，逐步改善经济生活。那个卖牛奶的小女孩还会想到鸡生蛋、蛋又生鸡呢，怎么契诃夫笔下的这个人物只想到坐吃山空？这也未免太没有志气了吧？

《女教师》

这是德国作家褚威格的短篇小说,他的名字也有人译作茨威格。

我读的是沈樱女士的译文。这篇小说描写两个小女孩窥探大人的生活,发现她们的家庭教师跟她们的表哥恋爱、怀孕,既为负心男子遗弃,又遭保守的社会谴责,终于留书出走,在外面自杀了。小说家让我们透过十三岁小女孩的模糊懵懂去想象事实真相,十分精彩。

小说家告诉我们,两个小女孩爱她们的教师,非常同情教师的遭遇。"她们为了初次望见未来世界的一点真相感到惊悸。这未来的世界,她们不久就要走进去,而不知将有什么遭遇落到她们身上。她们想到将来长大要过的生活,像是必须穿过的森林,其中布满了可怕的事物。"我想两个小女孩的认知未必到达这个程度,小说家借此谴责那个不公平的社会,我们读后还可以另有会心。

首先可以想到,年轻的女教师不该和相识未久的男子上床,在这方面男女并不平等,情势发展下来,女方完全居于劣势。即使今天避孕术很普及,未婚妈妈也有生存的空间,不平等的情势并没有多大改变。我知道这个意见很保守,今天的女孩子可以上街头呼喊:"只要我喜欢,有什么不可以!"我说过,你认为可以,也许你的父母认为不可以,也许你的医生认为不可以,也许你的牧师认为不可以,他们的意见仍然值得尊重。听说因为我有这样的主张,有些小弟弟、小妹妹不买我的书了,唉,我还是又说了一遍。

尤其是,在这篇小说里面,女方个性柔弱,没有独立的能力,完全要依赖男方解决问题,若是男子薄幸，女人立即陷入绝境。这时家长的态度冷酷，父母为子女（尤其是女儿）选家庭教师，教师的言行不能在男女关系上有任何瑕疵，恐怕直到今天仍有这一条清规戒律。身为受害人，说"他"应该负起责任，"你"应该主持公道，那有什么用处？"应该"是一回事，"其实"是另一回事，这个社会不是理想国，我们不能活在别人的"应该"里。

《午饭》

这是英国作家毛姆的短篇小说，并非他最好的作品，但适合做我们的"谈助"。

恕我夹叙夹议。在毛姆写的这个故事里，"我"是一个穷困的年轻作家，只身在巴黎奋斗，全部财富只有八十个法郎（八十法郎是多少钱，读了下文自然知道）。有一天，"我"接到素不相识的"她"来信，自称是读者，某日道经巴黎，希望和慕名的作家见面，问"我"是否能和"她"在富约饭店吃一顿饭。富约饭店是非常豪华的消费场所，"我"从来没去过，一看这封信就该知道来者不善，需婉言拒绝。但是"我"还年轻，不懂得对女人说不（我也在这里加个括号，现在很多年轻人都懂得了）。经过一番猜测盘算，还是答应了。

中午，两人在富约饭店见面。菜单上的价目很贵，超出"我"的想象。偏偏"她"又点那没有标价的海鲜，这种菜，饭店等你吃完了再漫天要价，宰杀顾客。这时候，"我"更不懂得怎样说不，任她装模作样，刚上市的鲑鱼、鳕鱼卵、香槟酒，点了这个点那个，正餐之后还点了芦笋、新鲜的桃子，全部吃光。请勿忘记这是午餐，她居然有这么大的食量。点菜进餐这一幕是小说的精华，当年学习小说写作的重要教材，按下不表。且说"我"结账，用尽了所有的八十法郎，只能付寒碜的小费。

我不知道毛姆写这篇小说的用意是什么，我在这里谈它，因为想起女孩子常常想些办法捉弄男孩，男孩说，我请你吃饭好不好？你有权利拒绝，你没有权利带三个女伴一同前往，占据一张桌子，喧哗笑闹，故意叫了最贵的、最多的菜，暴殄天物。毛姆的态度也不厚道，这篇小说写到结尾，许多年后，

"我"又和"她"相遇,这时候,"她"的体重是三百磅,臃肿难堪,"报应终于来了","我"看到那结果觉得快意。这个境界不高。

《同时追两兔，到头一场空》

这是契诃夫的小说，汝龙中译。契诃夫，不必再介绍了吧，用今天的眼光看，他的短篇多半很长，我不选他最有名的，我选他比较短的，这一篇大约四千字。

且说当年俄国某地住着一位退休的少校，彼时彼地，这种人有些势力，难免作威作福。这天他太太惹他生气，他想给太太一顿痛打，就带着太太坐自家的小船去游那个僻静的湖。船到湖心，少校拿出预藏的短鞭，不料短鞭反被太太抢去。就在这个时候，小船翻了，夫妇俩在水里喊救命。也就在这时候，乡公所的文书某君听见喊声，入水救人，某君曾经做过少校的管家,他的妹妹至今还是少校太太的侍女。救星来了,少校太太说你先救我,我嫁给你;少校说你先救我,我跟你的妹妹结婚。某君一听,自己能娶少校的太太,自己的妹妹又能嫁给少校,那有多好!就把少校夫妇一起拖到岸上。

结果呢,结果是少校夫妇到了岸上立即拥抱痛哭,结果是少校运用影响力,乡公所开除了那个文书,结果是那个文书的妹妹也被少校太太赶走,结果是那个文书独行湖畔叹世人忘恩负义。小说的题目是《同时追两兔,到头一场空》,中国也有一句老话:"逐二兔者,不获一兔。"劝人不要太贪心,同时追求两个目标,你的努力可能相互抵消,契诃夫把这个意思作出巧妙的诠释。但是我要说的不是这个。

东汉的崔瑗写过一篇《座右铭》,其中两句:"施人慎勿念,受施慎勿忘。"这本是中国古老的思想,崔瑗作了最好的变奏。施者、受施者各有各的道德,两者并不互为条件。现在要咀嚼的是第一句,为什么救了别人、帮了别人,不能记在心里?因为"施者"有道德的优势,必须收敛潜隐,以免受施的一方觉得受到欺凌,你必须再也不提那件事,永远忘记那件事,由若无其事到并无其事,你和受施者才可以两大无猜,坦然相处。否则,受施者怕你,忌你,躲着你,否定你,以"忘恩负义"维持自尊。有人慨叹,为什么总是帮助了一个朋友就失去一个朋友,希望他能看见这篇短文。

尾声:有人主张(还是现代有名的学者呢),不要去帮助别人,他甚至劝天下父母不要帮助成年的子女。现在回头看契诃夫的小说,文书某君看见少校夫妇落水,他有救溺的能力,如果他置之不顾,后事如何?他的处境会更好吗?如果少校脱险,饶得了他?如果少校夫妇淹死,法律会放过他?不用说,还有自己的良心、社会的清议。想来想去还是依赖中国古者的智慧吧,施人慎勿念,咱该怎么做就怎么做,不管别人,这叫尽其在我。

《项链》

法国作家莫泊桑的代表作。莫泊桑号称"短篇小说之王",当年我们那些文艺小青年都喜欢他,他是写实主义大师福楼拜的学生,使我们相信文学创作是可以学习的。

《项链》写一个小职员的妻子厌弃自己的生活,"梦想那些丰盛精美的筵席,梦想那些光辉灿烂的银器,梦想那些绣满仙境般的园林和古装仕女以及古怪飞禽的壁衣;梦想那些用名贵的盘子盛着的佳肴美味,梦想那些在吃着一份肉色粉红的鲈鱼或者一份松鸡翅膀、带着爽朗的笑去细听的情话"。丈夫为了讨她的欢心,弄到一张部长的请柬,带她去参加一个豪华的大宴，她反而更烦恼，烦恼自己没有好看的衣服和名贵的首饰。她向有钱的朋友借来一副钻石项链，宴罢归来，发现项链不见了，中途遗失了。这夫妇俩只好到处借钱去买了一副项链来归还，为了还债，他们做了十年的苦工。十年以后原主告诉他们，当初出借来的钻石首饰是假的。

当年文学先进对这个故事的解释是，显示上流社会和基层人民生活水平悬殊，谁想逾越本分，谁受到惩罚。我们今天换位思考，古事今说。如果是你，如果是我，会不会向人家借项链呢？在我生活的社会里，为了做伴娘向朋友借首饰，为了做司仪向朋友借衣服，其事常有，就像为了演戏向人家借道具、借行头，不要为了应付一时的场面花大钱去买长期搁置无用的东西，这不是虚荣，而是务实。如果是你，如果是我，向人家借项链的时候，总会问一问它值多少钱，价值非常昂贵的首饰我们不借，人家也不会把价值非常昂贵的首饰借给我们。

如果是你，如果是我，发现遗失了项链，应该怎么办呢？最合理的假设是立刻去告诉原主，要求宽限归还，而且保证负责，这时候，原主应该会立刻说明钻石是假的，那样，你我就不必"签了许多借据，订了许多破产性的契约，和那些盘剥重利的人、各种不同国籍的放款人打交道"，去筹足三万六千金法郎，损害了我们的后半生。

为了还债，十年辛苦不寻常，"她已经变成了贫苦人家强健粗硬的妇人"，又和当初出借项链的朋友相遇，谈起往事，项链的原主抓住了这位穷朋友的两只手："唉！可怜的玛蒂尔德，不过我那一串项链本是假的，顶多值得五百金法郎！"小说至此戛然而止，读小说，我们喜欢这样的结尾，谈做人，如果项链的原主是你是我，大概要把借项链的人请到家中，取出当年的那副项链，对她说："你拿回去吧，把它卖掉，还给我五百金法郎！"

《爱情与面包》

这是瑞典作家斯特林堡的短篇小说,他也是剧作家和画家,在戏剧方面成就最大,号称"世界现代戏剧之父"。不过他的剧作在中国没有产生很大的影响,他的小说也没进入翻译文学的主流。二十世纪五十年代初期,台湾书商翻印他的作品,挖掉译者的名字,我在那时候读到他的一些短篇小说。可能因为他同时是一位戏剧家,他的小说叙述简洁,节奏明快,高潮起落,对话尤其写得好。

《爱情与面包》的三个人物是女婿、女儿、岳丈。年轻的男子到未来的岳父家求婚,热心诉说一对小情人的感情有多么好,老头子只是冷冷地追问他一个月挣多少钱。一个青年,毫无接受现实生活的准备,却要去挑生活沉重的担子。在得到岳丈的允许之后,女婿看房子,挑家具,以低收入购买高档产品,买了这个买那个,还雇了厨子。他也举行了漂亮的婚礼,一个强调爱情忽视金钱的人,他巩固爱情的方法却是大量花钱,这就有了危机。他的一切开支都是从借债得来,等到新娘怀孕,生女,还债的日期也接踵而至,丈人的帮助可一不可再,于是破产。岳丈来把女儿和婴儿带回去,女婿一人在家:"眼睁睁地看着那些债主把家里所有的东西拿得干干净净,椅子、桌子、红木的床、刀、叉、盆、碟、碗、壶……"

年轻人到了"适婚"的年龄,应该结婚,一般认为是大学毕业了,二十多岁。如果没有机会受完整的教育,或者学校教育并不能使他找到工作,那就要考虑晚婚。晚婚有很多缺点,不必细表,他们依然可以按"时"成婚,但是两人要有共识,婚后勤奋工作,过俭朴的生活。只要勤奋工作,两个人一同挣钱比分开个别挣钱容易;只要过俭朴的生活,两个人一同花钱比分开各自花钱节省。至于孩子,现代人懂得计划生育。结婚是兴家开始,兴家是艰难缔造。《爱情与面包》里面的小两口儿,以为结婚是兴家的完成,是生活水平的大跃进,是凡夫俗子羽化登仙,"天天过快活的日子,跳舞哪,宴会哪,午餐哪,晚宴哪,看戏哪",妻子和丈夫志同道合,每天睡到日上三竿还懒得起床,根本不曾系起围裙拿起铲勺。

十

无题

天下第一书家

——怎样在安乐中保持斗志,是人类一直没有解决的问题。

皇帝喜欢篆字,访求那写篆字写得最好的人,封为"天下第一书家"。"天下第一书家"享受各种特权和优待,应酬太多,听到的赞美太多,渐渐地,他不再勤苦地练习写字了,他认为那已经不需要了。

可是天下的书法家并非个个都在荒废时间。终于有一天,一个自称后学的人登门求教,其实就是比赛写字。

那个时代的人物很含蓄,他们见了面只是喝茶、谈天,没有一句话涉及书法。然后有一个节目是下棋,那是一种特殊的棋,我们都不知道玩法,只知道棋盘是临时在一张纸上画两个圆圈儿。来客用主人的纸笔画棋盘，主人，也就是"天下第一书家"望着那两个圆圈儿变了脸色。他知道来客在篆书方面的造诣超过他，他应该让出"天下第一书家"的荣衔。下完了棋，主人立刻向皇帝辞职。

新的"天下第一书家"得意极了，也骄傲极了。慢慢地，他也懒惰极了。他不需要再辛苦练字，他只要随便写几笔就引起一片喝彩声。"敬求墨宝"的人络绎不绝，他只是随便应付。他忘记书法是一件严肃的事了。

对于他，时间是静止的，对于别人可不然。终有一天，有一个远方的客人来求教，他们见了面，客客气气地喝茶、谈天，最后下棋。客人提起笔来画棋盘，主人看见纸上的两个圆圈儿，默然不语。第二天，"天下第一书家"又换了人。

不记得这是哪个朝代的故事了，反正这个故事对任何时代的人都有用。

天才金交椅

——乐器上的弦要拉紧了才奏得出声音来。

十九世纪西班牙小提琴家萨拉萨特成名后,被称为天才。他听了,摇摇头说:"这话从何说起!我每天练琴十四小时,练了十三年,他们却说我是天才!"

如果让我说话,我会说,你如果不是天才,练琴十三年也只是个寻常提琴手。你如果没有练琴十三年,即使天才仍然是个寻常提琴手。

"天才"这个名词是被滥用被误解了,很多人都说:瓦特有发明的天才,他看见沸水的蒸汽掀开壶盖,发明了蒸汽机。其实据比较详细的传记资料说,瓦特小时候特别喜欢烧开水,水开了还不熄火,坐在沸水旁边看得发呆,想得入神。他不知看了多少壶开水，然后又看了多少比烧开水更复杂的事情，在他的心目中一遍又一遍描绘蒸汽机的蓝图。

"你是一个天才。"这句话很可怕，有些人觉得自己既然是天才，就用不着忍辱负重，吃苦耐劳，可以潇潇洒洒地占尽风光，出足风头，让天才害了一辈子。

有人自以为怀才不遇，等到有一天机运来了，这才发现他身体太弱，或酒瘾太大，或人缘太坏，或专业知识落伍。

成功的大厅里一排四把金交椅，天才、努力、机遇、环境，一一在座。只有天才固然不行，没有天才也是不行。

有人改写龟兔赛跑的寓言，让兔子仍然抢到第一，乌龟仍然落在后头。结论是：天才总是不肯努力的，没有天才的人，纵然努力，也不中用。

其实那位小提琴家肯废寝忘餐十三年练琴，正因为有音乐天才，音乐天才一定肯为音乐努力，如果叫他去打算盘，那是另一回事了。

幸亏没好好地读书？

新闻报道一位台湾大学电机系出身的企业家说，他"痛恨"当年所受的教育。这位企业家认为，大学电机系的教育没有启发性，未能培养他的创造力，幸亏他没好好读书，才有日后的成就。

当年的教育有此缺失，但是我很难相信，他只凭"没好好地读书"能有日后的成就。

他如何解释那些好好地读书仍然很有成就的校友呢？他又如何解释那些成绩落后而转系而退学的人为何并没有很大的成就呢？

须知教育"给你一个高度，也同时给你一个限度"，无论你读哪个学校都是这样，真相应该是，台大给他高度,他自己凭借这个高度去突破限度,他并非"幸亏没好好地读书",而是"幸亏还是读了一点书"。他除了"欣赏自己",也该"感激母校",二者并存,并无冲突。

可以设想,如果一个医生说,幸亏我在医学院没好好地读书,他的诊所恐怕要关门。如果一个教师说,幸亏我在师范学院没好好地读书,他的学校恐怕要辞聘。如果一个军官说,幸亏我在军官学校没好好地读书,他恐怕只有准备退伍。如今一个企业家怎敢这样说?

这是因为企业家是老板,他雇用别人给他做事,他用什么样的人?他用那些在学校里好好读书的人,而不是专门选用不肯好好读书的人。既然如此,他为何还不尊重这些人呢?

我联想到二十世纪五十年代到六十年代,大学理工教育忽视人文修养,社会上流行理工学生的许多笑话,反映他们中间有一部分人好像不明事理、不通人情。如今这位企业家一时失言,恐怕也是教育给予的限度,成为当年笑林流风遗绪之延长吧?

朋友是怎样失去的

——说话的技巧和内容同样重要,即使你说出来的是真理。

年轻漂亮而又个性外向的女子,每天换一套衣服,彩色鲜艳,款式新颖,爱唱、爱笑、爱跳、爱叫,这是正常的现象,像夏天出汗一样正常。

再漂亮的小姐,有一天也会变老,这时候,她穿的衣服颜色应该朴素一点,式样应该保守一点,走路的脚步应该轻一点,说话的声音应该低沉一点,对男人的风趣反应最好迟钝一点。可是美丽的小姐年轻惯了,不知老之将至。她虽然四十,言谈举止仍像十九岁,这在别人眼里可就有点儿问题了。

她有很多朋友,应该有一个朋友来点破她、劝醒她,可是大家都迟疑不决。有一个朋友觉得义不容辞，就非常勇敢地对着她把该说的话说出来了。她大惊大怒，大为伤心，两个人不欢而散。

检讨起来，这位正直的朋友讲话，如果能委婉一些，如果不是那么心急，如果费上几个星期的工夫一再暗示，对方也许可以承受。不过，如果这位朋友的个性是如此，他也许不该管这档子闲事。

可是她终于沉默起来，朴素起来，对拦路截谈的男人稳重起来。她显得大方而有智慧，她按照自己的身份、年龄塑造了另一个我。可以说，她在行动上完全接受那位朋友的忠告，可是在感情上她跟那位朋友严重破裂，怎么也不能和好如初了。这个正直的人，失去了一个有缺点的朋友，增加了一个没有缺点的敌人，失算了。

千古以来，救人一直是有高度危险性的工作，你得像拆除一枚定时炸弹那样小心。

得理让人

——为私利营求,可耻;为公益奔走,可敬。向现实低头,懦夫;为理想隐忍,大勇。

老张(假定有这么一个人)驾驶汽车,送一个得了急病的邻居就医。路上车辆很多,秩序紊乱,而且每隔一段路就有一个十字路。老张心里急得要命,可是他不能闯红灯,不能按喇叭,不能超车抢道,他得耐着性子,在缓缓的车流中若无其事。

老张是办急事,而且是做好事,别人可能只不过是下班回家或出城兜风。尽管如此,他不能希望众车回避,绿灯常开,由他呼啸一声直驰而过。他得遵守交通规则,尊重一切别的车辆。否则,他的车子也许早已四轮朝天,不但病人延误了急救的机会,他自己也要头破血流了。

做事要耐烦，做好事尤其如此。做坏事的人自知理屈，能忍受一切盘根错节之处，做好事理直气壮，容易愤慨负气，以致人间好事多磨，而坏事常成。昔人说：世上多少好事，被坏人破坏了！也有多少好事，被好人办坏了！

好人怎会办坏了好事呢？他心里当然是希望办好的，可是他缺少"成事"必需的韧性，他有的是"任性"，认为他是好人，不屑于"忍气吞声"，事成了是你们的好处，事败了我没有损失。好吧，那就让它失败，给你们一点教训！结果他把好事办成坏事。

你必须有理想，但是不要公然鄙视那些鼠目寸光的人。你必须有操守，但是不要公然抨击那些蝇营狗苟的人。你必须培养高尚的趣味，但是不要公然与那些逐臭之夫为敌。

恃清傲浊比恃才傲物的后果更坏。人们所以提倡道德，是因为道德可以增进社会的安宁和谐，不希望引起纠纷，造成风波。否则，他们就要对不道德的分子加以安抚了。

荷马也打盹

有一句英文,直译是"荷马也有打盹的时候",意译是"贤者不免",你认为哪种译法较好?

我说,翻译是为了给中文读者看,我,一个中文读者,喜欢"荷马也有打盹的时候"。"贤者不免"的说法我们早已有,荷马云云我们没有,翻译除了介绍东圣西圣相同的意念,也要介绍东方西方相异的语风。中文早有一句"老虎也有打盹的时候",已经衍生出"命运打盹的时候,我们就绝处逢生"。荷马打盹,也将衍生出孔子打盹或霸王打盹,丰富了我们的语言。

如果真有人看见荷马打盹或霸王打盹,拍了一张照片,那会怎样?记得尼克松竞选美国总统的时候,整天马不停蹄,跑破了他的皮鞋,也忘了换一双。仪容重要,他没忘记理发,他在理发室的椅子上向后一躺,翘起二郎腿,恰巧一个记者看见了,就对准皮鞋底上那个破洞拍了一张照片,这张照片得了奖。

能拍到这样的照片要靠几分运气。二〇一六年十二月二日,纽约的报纸上登了一条消息,有一个出租车司机早上开车出门,在曼哈顿第五大道行驶,一连经过二百四十个绿灯,他把沿途经过拍成视频,上网公布。他开车的时间是凌晨三点,他叫Forman,因此人过留名。

说到运气,有人信,有人不信,折中调和,运气可以分成两种,唯心论的运气和唯物论的运气。尼克松的破皮鞋,你拍到了,为什么我拍不到呢?因为你是新闻记者,天天盯住候选人。采访大选新闻的记者有几百人,为什么别人都没拍到,单单是你呢?这就是唯物论的运气。开车经过二百四十个绿灯,大概也是如此。

蛾来了

——尊敬那知道得很多的人；怜悯那知道得太少的人。

飞蛾会自动投火。当年小乡小镇接近田野，照明用的是油灯，晚间点灯以后就会有飞蛾入户，一心扑向光明乐土，尸体堆在灯台上等你清理。上一代的农民不知道杀虫药，他们的祖传秘方是在田地中间挖一个坑，烧一堆火，大火整夜不熄，烧死有害的螟蛾，保全大部分庄稼。

飞蛾为什么要用这种方式终结生命呢？有学问的人说，蛾类在飞行的时候，永远跟太阳的光线保持某种角度，日光是直线辐射的，可以帮助蛾类飞行。到了夜晚，蛾类误以为火光就是日光，可是火光是散乱的，飞蛾不知道两者的分别，就投进火坑里去了。

飞蛾能够利用日光的特性"导航",它是怎样学会的呢?自人类用火以来,已经过了多少万年,蛾类受火光引诱造成的意外损失,无可计算,为什么到现在还没有培养出一种新的能力来适应火光?难道万古千秋,以后永远无法进步吗?

俗话说"飞蛾投火,自取灭亡",几乎认为它们活该如此。有人庆幸自己是人不是蛾,能够纠正错误,推算结果,知过必改,趋吉避凶。还有一种人,投火的飞蛾使他产生悲悯之心,恨不得自己能化身蛾类,教导它们远离火光的引诱,恨不得自己投身烈焰之中,替以后所有的蛾类死亡。

悲悯不是可怜飞蛾,可怜还是自己有优越感,把对方看低了。悲悯是尊敬一切生命,认为把所有蛾类的生命加起来,其价值高出他个人的生命。悲悯是认为你受苦受难是我欠了你的债。听说过有这样的人吗?

过河拜桥

俗话说,过河拆桥,这句成语我们至今还在使用,它当初的语境恐怕得解释一下。

过河,指的是从前乡下的小河;桥,指河上用木板架设的小桥,那时公共建设顾不到这等地方,建桥的经费多半靠地方富绅捐献,明清小说常常有大善人修桥补路,多半指这种桥。

小河的河水不深,没有桥,行人可以从水中走过去,文言叫作徒涉,因此有一句名言:"摸着石头过河",夏天还好,冬天就困难。当年妇女缠足,不能涉水,也不能赤身露体,靠男人背着。大家出门在外,常有陌生的男子帮助同行的女子,因此有和尚背小媳妇过河的公案。

过河拆桥，是说有人过桥以后，认为他不会再从这桥上经过，就把木材拆下来带走，准备前面还要搭桥过河，至于后面的行人，他就不管了。这话比喻一个人自私自利，没有公德心。

人生如行旅，世路坎坷，不免靠人扶一下、拉一把，就像过河的时候有人架桥。过河拆桥，又表示忘恩负义，让好心人灰了心，丧失行善的热忱，就像拆毁了一座桥。

我们家乡有一种风俗，行人过河以后，转过身来对他走过的小桥作一个揖，感谢这座桥，也感谢造桥的人，这是"过河拜桥"。多年以来，这个风习我几乎忘记了，现在知道"过河拜桥"一词的人不多，多数人只知道"过河拆桥"。

今天的桥梁是大工程，人定胜天，过桥的人满心骄傲，拆桥既不可能，拜桥好像也不必了。但是我总以为西方的感恩节、情人节，其实是个拜桥节，中国人拜年，本来就是拜桥。

积木

——忘忧的秘方：关心别人。

一场车祸，一位父亲失去了幼女，心痛万分，朝思暮想。孩子太小，不曾留下什么，只有生前用积木堆成的一座楼房，十分可爱。做父亲的就镶配了一个玻璃盒子，把它摆在客厅里。

一天，两只猫打架，把积木撞倒，大楼崩塌。虽然还可以照原样砌好，然而已经不是爱女当初的"作品"，没有什么意义了。做父亲的这才想到，把纪念碑立在沙滩上是不行的，而且内心的伤痛必须转化，不能以仅仅保存一两件纪念品疏解。

这天他经过一条马路，这正是他的伤心地，车祸就发生在这条马路上。这天不一样，路旁空地上兴工盖楼，慈善机关要办一家急诊医院，一面施工一面接受捐款。工地旁边竖着大型的广告牌，用积木的方式画着工程的进度：现在盖到三楼了，以后的工程还需要多少钱，现在收到了多少捐款……现在盖到四楼了，以后的工程还需要多少钱，现在收到了多少捐款……积木越堆越高，以后的工程费用越来越少，捐款越来越多，眼前一片好景，当然还得呼吁善人慷慨解囊。他常常从这条路上经过，越看越动心。

他决定把他为爱女储存的教育费提出来，捐给这家慈善机构。大楼落成，矗立路边，父亲从路上经过，瞻望一番，心里十分安慰，如同望爱女的积木，永不倒塌的积木。

自此以后，每逢想起爱女，心里就觉得冥冥之中受到温柔的安慰。他走出来了，可是这一段心路历程说给朋友听，有人表示难懂。

文章写到这里，不知道您看了觉得怎么样？如果您现在不懂，希望明年再看。

应变的智慧

——人需要安全，也需要荣誉；当二者互相抵触时，俯出人品。

风景名胜地区的公路，沿着山坡兴建，右边是峭壁，左边是悬崖。坐在这样的游览车里，觉得自己也成了别人浏览的一景。

当然要特别考虑安全，车辆出勤前一天要检查，司机不准喝酒打牌，晚上住进公司指定的宿舍，保持充足的睡眠。

但是任何事情总有意外，这天，一辆满载学童的游览车在顺着山坡向下行驶的路上，机件突然失灵。车子像滑雪一般急驶，不受司机的控制，一再冲撞山壁，司机只好让车身贴近山崖，宁可摩擦土石跳动震荡，也不要坠落崖下。

谢天谢地,车子总算停下来了。急救人员处理车祸现场,发现学童虽有死伤,但人数很少,比他们根据经验而预测的情形要乐观得多。查问之下,知道是随车带队的老师处置得宜。当车辆自动冲下山坡的时候,这位教师镇静而坚定地指挥孩子们离开座位,大家互相紧紧拥抱在一起,自然而然,年纪小的在内层,年纪大一些的在外层,外层的孩子无形中做了内层孩子的盾牌,外层的孩子彼此之间也互相依傍,缩小受害面。尽管车子跳动颠簸异常剧烈,甚至翻倒在地,这些抱成一团的孩子到底减少了伤害。

他们幸而服从老师的指挥,没有在车中陷于惊慌混乱。

他们当会从此记得:灾难当前,最要紧的是紧紧地团结在一起。

附录

光,请靠近光

—— 为北京三联书店出版"人生四书"简体字版而写

隐 地

"人上一百,形形色色",何况中国有十三亿人口。但不管人多人少,中国人或外国人,老人或小孩,男人或女人,只要是人,都一样的:有人能自我管理,有人不能。有人会反省,有人从来不会。所以世上的人,其实只有两种:有人懂得怎么活、为何活,生命操纵在自己手里;有人刚好相反,他只是活着,不知活着为何,糊涂一生,莫名其妙地来到人间,又莫名其妙地离开人间。

这就是智者和愚者的分别。其实,有谁生下来就是智者?人两手空空来到世上,每个人都一无所有,然而只要肯学习,不停地学习,我们就会从愚者逐渐移向智者。

"人生四书"的作者王鼎钧自小努力学习,他一生勤于观察,观察使他成为一个智者。虽然他来自守旧的农村,又因连年战乱，未能接受完整的教育，他从"未开发""开发中""已开发"和"现代化"的环境里成长，历经沧桑变化，但他靠着理性和感官，一支笔和一本随身记事簿，他思索、记录，当然他也大量阅读。思与读，使他成为哲人。

他先写"人生三书"——《开放的人生》《人生试金石》和《我们现代人》，在台湾已经销售了四十万册，两千三百万的人口，每五十人中就有一人读过他的书。其实一本书何止一人阅读，一本书在家庭中是流动的，家庭的每一个成员都会翻读，有时青少年也会把书带到学校借给班上同学，在同学中流传，一本书的读者不知增加了多少，何况还有图书馆里的"人生三书"，借阅的人更是无数。出国后又写出《黑暗圣经》，直探人生最隐秘的层次，论者合称"人生四书"，一并风行。

如今"人生四书"正式由北京三联书店发行简体字版本了，这样文字绵密、简洁有力的书，对谁都有吸引力，只要我们肯打开心胸，吸收新观念、新知识，等于让我们的人生在心田种满智慧的花朵。广大的读者群终于和我们一同分享，令人称快。

鼎公如今著作等身，他的四十种书，有散文、小说，有诗和论著，他是一位文学中的十项全能者。他的《碎琉璃》《左心房漩涡》《风雨阴晴》《关山夺路》有如高山大河澎湃激扬。他的"人生四书"，从小故事探讨人生大道理，娓娓道来，更是抒情说理的登临绝顶之作。

记得当年我负责出版"人生三书"繁体字本时，社会归类为青少年的最佳励志书。我一向不这么认为，现在自己虽已七十岁，不时翻读"人生三书"，但我仍然获益无穷。七十岁，甚至年纪更老，面临变化万端、像机械般冷漠的离奇新环境，一样心生挫折。沮丧如杂草丛生。这时鼎公的六字箴言"不要怕，不要悔"多么管用。"与高超的思想为伴，永不孤寂"是一帖多么好的人生良药。"不要希望让真理站在你的一边，你要站在真理的一边。"有了这一句话，我们的背脊就挺直了。"没有任何人来殷勤抚慰你，那就自己抚慰自己吧！"鼎公的话，真的永远会让"男儿当自强"！

"人生三书"是三座金矿。鼎公自己曾说:《开放的人生》，偏重做人的基本修养;《人生试金石》探触父母师长没有想到的、没有教过或者不便说破的一面;《我们现代人》讨论更复杂的现代人生问题，当你一脚踏入翻转的社会，你只有改换步伐，调整重心，才能立定脚跟。后来第四书

《黑暗圣经》出世，内容深刻，角度新奇，境界高远，俨然四书中的主峰，万众视线交集，并引起一连串的讨论。

人生有善有恶，"人生三书"加入《黑暗圣经》，终于让我们窥得人生全貌，否则只有白日没有黑暗，只有善，没有恶，总是有所欠缺。而《黑暗圣经》里的鼎公，在写完《开放的人生》《人生试金石》和《我们现代人》之后，虽已赢得尊荣地位，但他深知对广大的读者必须全面诚实，他不能捏住人生一个角落不让人偷窥，于是他和任何大哲大圣一样，经过心潮澎湃之后心的挣扎，他将自己心底最私密部分亦告知读过他"人生三书"的读者，多了《黑暗圣经》，再遇到陷害于你的坏人，你应当也会保护自己了，而不会再问：当好人碰上坏人时，该怎么办？手握"人生四书"，我们如果也像鼎公一样，肯不停地思索人生，阅读人生，也就能逐渐成为有智慧的人。人有智慧，才会产生信心。有了信心，我们才能服务人群，享受生命带来的喜悦！

鼎公是荷光的人。透过"人生三书"，他把光分给我们，让我们在黑暗中可以摸索前进。我们早年在台湾读这些书的时候，心里有个念头，祖国故乡的亿万青年，何时能够和我们一同鉴赏这些文采？何时一同讨论辩难这些内容？

现在有了答案，迟来的喜讯永不嫌迟。北京三联书店把他的"人生三书"加上《黑暗圣经》成为"人生四书"，更是一种出版的突破，我向三联书店致上最大的敬意。

王鼎钧作品系列（第二辑）

开放的人生（人生四书之一）

本书讲做人的基本修养。如何做人？这个问题很"大"。本书用"小"来作答，如春风化雨，通过角度、布局、笔法各各不同的精彩短章，探悉人生的困惑，以细致入微的体察和智慧的省思，带给人开放、积极而平和的人生态度。

人生试金石（人生四书之二）

人生并不完全是一个"舒适圈"。由家庭到学校，再由学校到社会，成长要经历一个又一个挫折和失望。本书设想年轻人在逐渐长大以后，完全独立以前，有一段什么样的历程。对它了解越多，伤害就越小；得到的营养越丰富，你的精神就越壮大。

我们现代人（人生四书之三）

在传统淡出、现代降临之后，应该怎样适应新的环境和规则，怎样看待传统的缺陷？哪些要坚持？哪些要放弃？哪些要融合？现代人需要怎样的标准和条件，才能坚忍、快乐、充满信心地生活？作者将经验和思索加以过滤提炼，集成一本现代人的安身立命之书。

黑暗圣经（人生四书之四）

这是一本真正的悲悯之书——虚伪、狡诈、贪婪、残忍，以怨报德，人性之恶展现无遗，刺人心魄。但是，"当好人碰上坏人时，怎么办？"，这才是"人生第四书"的核心问题。它要人明了人之本性，懂得如何守住底线，趋吉避凶。而且断定，即便有文化的制约，道德也是永远不散的"筵席"。

作文七巧（作文五书之一）

世界上优秀的作品都需要性情和技术相辅相成，性情是不学而能的，是莫之而至的，人的天性和生活激荡自然产生作品的内容，技术部分则靠人力修为。——基于这样的认知，作者将直叙、倒叙、抒情、描写、归纳、演绎、综合汇成"作文七巧"，以具体实际的程式和方法，为习作者提供作文的捷径。

作文十九问（作文五书之二）

"作文一定要起承转合吗？""如何立意？""什么才是恰当的比喻？""怎样发现和运用材料？"……本书发掘十九个问题，以问答的形式、丰富的举例，解答学习作文的困惑。其中有方法和技巧，更有人生的经验和识见。

文学种子（作文五书之三）

如何领会文学创作要旨？本书从语言、字、句、语文功能、意象、题材来源、散文、小说、剧本、诗歌，以及人生与文学的关系等角度，条分缕析，精妙点明作家应有的素养和必备的技艺，迎接你由教室走向文坛。

讲理（作文五书之四）

本书给出议论文写作的关键步骤：建立是非论断的骨架——为论断找到有力的证据——配合启发思想的小故事、权威的话、诗句，必要的时候使用描写、比喻，偶尔用反问和感叹的语气等——使议论文写作有章可循，不啻为研习者的路标。而书中丰富的事例，也是台湾社会发展的一面镜子。

《古文观止》化读（作文五书之五）

作者化读《古文观止》经典名篇，首先把字义、句法、典故、写作者的知识背景、境况、写作缘由等解释清楚，使文言文的字面意思晓白无误，写作者的思想主旨凸显。在此基础上推进，分析文章的谋篇布局、修辞技巧、论证逻辑、风格气势等，使读者能对文章的优长从总体上加以把握、体会。最后再进一步，能以博学和自身的人生境界修为出入古人的精神世界，甚至与古人的心灵对话，此尤为其独到之处。